Der NATUR FÜHRER

FÜR DIE GANZE FAMILIE

DK

CHRIS PACKHAM

Der **NATUR** FÜHRER

FÜR DIE GANZE FAMILIE

PFLANZEN UND TIERE ENTDECKEN

DK | Penguin Random House

DK London / Delhi

NEUAUSGABE
Lektorat Rob Houston, Dharini Ganesh, Shambhavi Thatte, Tim Harris, Angeles Gavira Guerrero, Rohan Sinha, Glenda Fernandes, Liz Wheeler, Jonathan Metcalf
Gestaltung und Bildredaktion Ina Stradins, Pooja Pipil, Laura Barwick, Michael Duffy, Sudakshina Basu, Nand Kishor Acharya, Anita Yadav, Malavika Talukder, Karen Self, Phil Ormerod
Umschlaggestaltung Suhita Dharamjit, Stephanie Cheng Hui Tan, Tanya Mehrotra, Sophia MTT
Herstellung Kavita Varma, Laura Andrews, Balwant Singh, Pankaj Sharma

ERSTAUSGABE
Lektorat Ruth O'Rourke-Jones, Martha Evatt, Laura Palosuo, Cressida Tuson, Miezan van Zyl, Jamie Ambrose, Lara Maiklem, Sarah Larter, Jonathan Metcalf
Gestaltung und Bildredaktion Maxine Pedliham, Rebecca Tennant, Silke Spingies, Simon Murrell, Stephen Knowlden, Elaine Hewson, Dan Cole/ The Art Agency, Laura Barwick, Michelle Baxter, Phil Ormerod
Herstellung Tony Phipps, Mandy Inness, Adam Brackenbury, John Goldsmid

Für die deutsche Ausgabe:
Verlagsleitung Monika Schlitzer
Programmleitung Heike Faßbender
Redaktionsleitung Dr. Kerstin Schlieker
Projektbetreuung Manuela Stern
Herstellungsleitung Dorothee Whittaker
Herstellungskoordination Katharina Schäfer
Herstellung und Covergestaltung Sophie Schiela

Titel der englischen Originalausgabe:
Chris Packham's Nature Handbook

Producing KOKOSCHA data_design
Übersetzung Michael Kokoscha

ISBN 978-3-8310-4592-1

Druck und Bindung TBB, a.s., Slowakei

FSC www.fsc.org MIX Papier | Fördert gute Waldnutzung FSC® C018179

www.dk-verlag.de

Hinweis
Die Informationen und Ratschläge in diesem Buch sind von den Autoren und vom Verlag sorgfältig erwogen und geprüft, dennoch kann eine Garantie nicht übernommen werden.
Eine Haftung der Autoren bzw. des Verlags und seiner Beauftragten für Personen-, Sach- und Vermögensschäden ist ausgeschlossen.

Denkt immer daran, sicher zu bleiben und vorsichtig zu sein, wenn ihr ein unbekanntes Gebiet erkundet. Auf den Seiten 40–41 stehen einige grundlegende Sicherheitsrichtlinien, aber es liegt in der Verantwortung jedes Benutzers dieses Buches, die individuellen Umstände und potenziellen Gefahren selbst einzuschätzen.

- Pflanzen können giftig oder gesetzlich vor dem Pflücken geschützt sein.
- Pilze und Beeren können giftig sein, Vorsicht vor dem Verzehr.
- Wildtiere können beißen und/oder stechen – trefft geeignete Vorsichtsmaßnahmen und nehmt ein Erste-Hilfe-Set mit.

Herausgeber

Chris Packham ist schon früh von der Tierwelt fasziniert gewesen und hat Zoologie in Southampton, England, studiert. Er hat mehrere Bücher über Wildtiere geschrieben und war Gastgeber vieler BBC-Sendungen, darunter Springwatch und Autumnwatch. Chris engagiert sich für viele Organisationen zum Schutz der Tierwelt, darunter *The Wildlife Trusts, The Wildfowl and Wetlands Trust* und *The Bat Conservation Trust*. Er ist Vizepräsident der Royal Society for the Protection of Birds (RSPB).

Autoren

Steve Backshall (Berge und Hügel) ist ein Naturforscher, Autor und Fernsehmoderator. Er hat mehr als 100 Länder bereist, neue Arten entdeckt und einige der höchsten Berge bestiegen.

David Chandler (Das Netz des Lebens; Seen, Flüsse und Bäche) ist freiberuflicher Schriftsteller und Umweltpädagoge. Zu seinen Büchern gehören *RSPB Children's Guide to Bird Watching, All about Bugs* und *100 Birds to See Before You Die*.

Chris Gibson (Küste) ist ein Forscher, der über die Welt der Natur schreibt und lehrt. Er hat für Natural England gearbeitet und ist der Autor von *RSPB Pocket Nature Seashore*.

Robert Henson (Wetter und Himmel) ist Meteorologe und Wissenschaftsjournalist. Er lebt in Colorado, USA. Er hat Tornados erforscht und ausführlich über den Klimawandel geschrieben.

Rob Hume (Ausrüstung für Naturforscher; Wälder; Beratung) ist 30 Jahre lang für die RSPB tätig gewesen, davon 15 Jahre als Redakteur des Magazins *Birds*. Er hat rund 30 Bücher geschrieben, darunter *RSPB Complete Birds of Britain and Europe* und *RSPB Birdfeeder Guide*.

James Parry (Buschland und Heide; Grasland) ist ein Schriftsteller und Dozent, der Wildtiere und verschiedene Lebensräume studiert hat. Er hat mehrere Naturbücher verfasst.

Dr. Katie Parsons (Unsere Umgebung; Weiden und Felder) wurde in Ethologie und Ökologie promoviert. Sie lebt derzeit auf einem 30-Hektar-Bauernhof in Devon, den sie sowohl zum Schutz der Wildtiere nutzt als auch für Urlauber bewirtschaftet.

Elizabeth White (Tundra und Eis) ist Dokumentarfilmerin für die BBC Natural History Unit. Sie hat einen Doktortitel in Ethologie und hat Wildtiere auf der ganzen Welt gefilmt, unter anderem in der Antarktis und der Arktis.

Inhalt

Über dieses Buch

Dieses Buch soll ein Leitfaden für die Erkundung, das Verständnis und die Beobachtung der Natur sein, wo auch immer ihr euch in Europa befinden mögt. Die genannten Tiere sind Beispiele für die Arten von Wildtieren, die in den verschiedenen Lebensräumen vorkommen. Nicht alle der für ein Habitat genannten Arten kommen in jedem Fall zusammen oder an einem bestimmten Ort vor.

Vorwort

Ich frage mich, wie viele Arten auf unserer Welt leben … in diesem Moment? Wie wäre es, durch die Augen eines Schmetterlings zu sehen? Wie fühlt es sich an, eine Schwalbe zu sein? Wie groß ist – oder war – der größte Riesenkalmar? Wie hörte sich ein Tyrannosaurier wirklich an?

Wahrscheinlich werde ich die Antworten auf diese Fragen nie erfahren, aber es gibt keine einzige, zu der ich nicht eine Theorie aufstellen könnte. Mit ein wenig Recherche könnte ich auch einige Antworten erraten. In diesem Buch geht es darum, diejenigen zu begeistern, die von der Natur fasziniert sind und die wie ich verstehen wollen, wie alles funktioniert. Als ich im Alter von zehn Jahren eifrig versuchte, alles über Tiere und ihre Lebensräume zu erfahren, indem ich die Seiten meiner Tierenzyklopädien durchblätterte, wollte ich unbedingt Details wissen. Mir war bereits klar, dass die Vorgänge, die sich in der Schmetterlingspuppe abspielen, zwar vor mir verborgen waren – und eine Erklärung dafür in meinem Buch seltsamerweise fehlte –, dass aber ganz sicher kein Wunder im Spiel war. Ich war mir auch sicher, dass es da draußen einen Wissenschaftler gab, der die Antworten kannte. Vermutlich habe ich mich deshalb immer geweigert, Informationen zu vereinfachen. Ich habe nie von »Krabbeltieren« gesprochen, sondern bin bei den »wirbellosen Tieren« geblieben. Wenn Kinder die Namen der Dinosaurier lernen können, warum sollte ich dann davor zurückschrecken, ihnen ein richtiges naturkundliches Vokabular beizubringen? Jung bedeutet nicht einfach gestrickt – es bedeutet hungrig und aufnahmefähig. Und wenn Menschen eine Faszination für die Natur entwickeln, dann sind sie in diesen Zeiten des Zugangs zu allen Informationen gut darauf vorbereitet, richtig erklärte Wissenschaft zu verstehen.

Und genau das wollte ich mit diesem Buch erreichen: einen für die ganze Familie geeigneten, wunderschön aufgemachten Einblick in die Funktionsweise der Natur im 21. Jahrhundert. Ich wollte selbst dabei lernen und Dinge aktualisieren, die ich schon vor langer Zeit gelesen hatte, und außerdem wollte ich mit dem Buch ein breiteres Ziel verfolgen – ein Ziel, das ich trotz meiner schwärmerischen Besessenheit von allem, was kriecht, schleicht, schleimt und sticht, erst in meinen 20ern verwirklicht habe. Ich wollte das große Ganze darstellen und die Möglichkeit bieten, zu erkennen, wie all die kleinen Dinge um uns herum miteinander verbunden sind. Ich wollte die Aspekte eines unsichtbaren Netzes veranschaulichen, das das gesamte Leben auf unserem Planeten miteinander verbindet. Und dadurch wollte ich die Grundlage für einen Rahmen schaffen, der die eigenen Beobachtungen des Lesers unterstützt, damit dieser die Zusammenhänge zwischen der Vielzahl scheinbar getrennter Arten, ihrer Physiologie, Ökologie und ihrem Verhalten erkennen kann.

Aber natürlich erreicht man das nicht, indem man nur etwas liest oder sich die Bilder ansieht – man muss dahin gehen, wo etwas geschieht. Dieses Buch soll euch dazu inspirieren, genau das zu tun. Dieses Geschehen muss nicht gewaltig oder glamourös und schon gar nicht exotisch sein. Es gibt Dramen, die sich unter den Baumstämmen in eurem Garten abspielen, Schlachten auf Leben und Tod, die im örtlichen Park ausgetragen werden, und Epen, die sich auf Brachland oder im um die Ecke gelegenen Naturschutzgebiet abspielen. Und sie selbst zu entdecken ist immer besser und lohnender.

Ich hoffe, dass mit einem solchen tieferen Verständnis auch der Wunsch wächst, die Dinge in unserer Welt zu schützen. Wir müssen erkennen, dass all diese Bemühungen umsonst sind, wenn wir nicht sofort unsere Möglichkeiten einsetzen, um den Klimawandel zu bekämpfen. Von funkelnden Sternen und neuen Wolken bis hin zu Kaulquappen und ihrer Metamorphose gibt es auf diesen Seiten so viel Wunderbares zu sehen – wollen wir das wirklich zerstören? Nein. Also sollten wir versuchen, etwas zu verändern, wo immer es möglich ist.

Dieses Buch ist meiner Mutter gewidmet, die es zuließ, dass meine Füchse auf ihre Teppiche machten, ohne sich groß zu beschweren. Ich möchte auch ein riesiges Dankeschön an alle Autoren richten, die so sorgfältig recherchiert und so gut geschrieben haben, dass alle Dinge hervorragend

erklärt worden sind. Ich danke auch dem Redaktionsteam von DK, das diese Perlen sorgfältig zusammengefügt hat, und den Layoutern, Fotografen und Künstlern, die die Ideen mit Leben erfüllt haben. Ich wünschte so sehr, ich wäre noch einmal zehn Jahre alt, um die Natur wieder zu erforschen!

Vorwort zur Ausgabe von 2022

Seit ich dies vor mehr als zehn Jahren geschrieben habe, habe ich mich verändert. Auch die Welt hat sich verändert. Ich bin jetzt 60 Jahre alt und muss erkennen, dass die Zeit, die ich habe, um die Welt mit meinem kleinen Beitrag ökologisch besser zu machen, kürzer geworden ist. Ich muss viel härter arbeiten. Und leider ist es viel schwieriger, dies zu tun, weil die Probleme, die hätten angegangen werden müssen, nicht angemessen gelöst wurden und sich viele Dinge verschlimmert haben – weniger Lebensraum, weniger Organismen, weniger Zeit, sie zu schützen. Wir haben einige Fortschritte gemacht, aber wir haben uns auch ablenken lassen. Deshalb müssen wir jetzt unsere Aufmerksamkeit von den kleineren Problemen abwenden und uns den massiven Problemen des Klimazusammenbruchs und des Verlusts der biologischen Vielfalt stellen.

Das klingt unmöglich, nicht wahr? Wie kann ich, wie können wir ernsthaft etwas Sinnvolles tun, wenn es um die Bewältigung dieser Herausforderungen geht? Nun, es ist ganz einfach. Der erste Schritt ist der wichtigste – jeder Einzelne von uns muss selbst beginnen, etwas zu bewirken. Es gibt offensichtlich so viel zu tun, dass ich hier keine Liste zu erstellen brauche. Wir müssen uns einfach unser Leben und unseren Lebensstil ansehen und uns fragen: »Was könnte ich ändern, um die Dinge besser zu machen?« Dann tun wir es. Wir erzählen anderen, was wir getan haben und schauen, ob sie sich auch ändern können. Wir müssen jedoch tolerant und geduldig sein – nicht jeder wird diese Reise zur gleichen Zeit beginnen, im gleichen Tempo vorankommen oder sich für die gleichen Dinge entscheiden. Geduld! Es ist besser, eine kleine positive Veränderung zu begrüßen als eine große Untätigkeit zu kritisieren. Wenn Menschen mit uns etwas verändern, beginnen wir Gemeinschaften zu bilden, und unsere gemeinsamen Fortschritte werden größer.

Letztlich brauchen wir jedoch unsere gewählten Entscheidungsträger, um uns zu vertreten. Leider – aber vorhersehbar – haben sie gerade eine enorme Chance vertan, die Arbeit wirklich in Angriff zu nehmen: COP26 (die 26. UN-Klimakonferenz, die in Glasgow stattgefunden hat). Sie werden das Problem nicht lösen, also liegt es an uns, diese Veränderungen voranzutreiben, und genau das müssen wir tun – auf friedliche und demokratische Weise.

Es mangelt uns nicht an Lösungen. Wir haben die Technologien und Kapazitäten, um zu reparieren, wiederherzustellen, zu regenerieren … und wir haben diese Instrumente getestet und perfektioniert. Wir müssen sie nur besser und schneller verbreiten. Und auch viel dringlicher.

Einige der Menschen, die dieses Buch inspirieren wird, werden eine ganz andere Welt erben als die, in der ich aufgewachsen bin – mit Marienkäfern, Kaulquappen, Raupen, Fuchsjungen und Ringelnattern. Ich hoffe, dass sie sich immer noch inspirieren lassen, dass sie sich immer noch freuen, wenn sie der Natur begegnen, dass ein Funke überspringt, der ihren Wunsch nach dem Schutz der Natur befeuert. Denn ohne diese Energie sind wir in Schwierigkeiten. Bitte schenkt oder zeigt dieses Buch einem Kind. Bitte helft mit, die Saat für eine bessere Zukunft für alles Leben auf unserer wunderbaren Erde zu verbreiten.

Chris Packham

Das Netz des Lebens

Die Schönheit des Lebens kann auf verschiedenen Ebenen erfahren werden. Ein Marienkäfer auf einer Fingerspitze ist perfekt. Der Duft einer Rose ist überwältigend. Das durch die Flügel der Blattläuse am Rosenstängel regenbogenartig gebrochene Licht ist ein unerwartetes Juwel, und die Myriaden der in den Sommerhimmel auffliegenden Ameisen bilden ein urbanes Spektakel. All das ist schon bemerkenswert, ebenso wie die Beziehungen, die diese Organismen miteinander vernetzen. Sie ergeben eine umfassende Schönheit, die im Verständnis des Netzes begründet ist, das alles Leben miteinander verbindet.

Das Wesen unseres Planeten

Meistens nehmen wir nur das Leben in unserer unmittelbaren Umgebung wahr, aber das ist nur ein Teil eines größeren Netzwerks. Leben finden wir an unterschiedlichen Orten, die aber alle miteinander verknüpft sind.

Eine dünne, grüne Schicht

Leben findet sich fast ausschließlich im äußeren Bereich der Erde, auf dem Land, in den Meeren und in der Atmosphäre. Dieser Bereich wird als Biosphäre bezeichnet – wörtlich übersetzt die »Kugel des Lebens«. Die Millionen hier lebender Arten, von denen der Mensch nur eine ist, sind voneinander abhängig. Die Biosphäre ist nicht einheitlich – sie besteht aus einer Ansammlung vieler verschiedener, miteinander verbundener Lebensräume, die oft nicht klar voneinander getrennt sind.

TUNDRA
Die kalte und baumlose Tundra mit ihren Flechten und Moosen ist ein Lebensraum im hohen Norden.

Legende

- Grasland
- Wüste
- Tropischer Regenwald
- Gemäßigter Wald
- Nadelwald
- Gebirge
- Polargebiete und Tundra
- Flüsse und Feuchtgebiete
- Korallenriffe
- Meere

VERTEILUNG DER BIOME
Großlebensräume werden als Biome bezeichnet. Diese Karte zeigt die Verteilung der verschiedenen Biome, die vom Klima und von der Geologie abhängt. Der menschliche Einfluss ist nicht dokumentiert – so können als gemäßigte Wälder bezeichnete Bereiche auch Ackerland sein.

GRASLAND
Zum Grasland gehören Savannen, Steppen und Prärien. Hier fällt mehr Regen als in der Wüste, doch es ist trockener als im Wald.

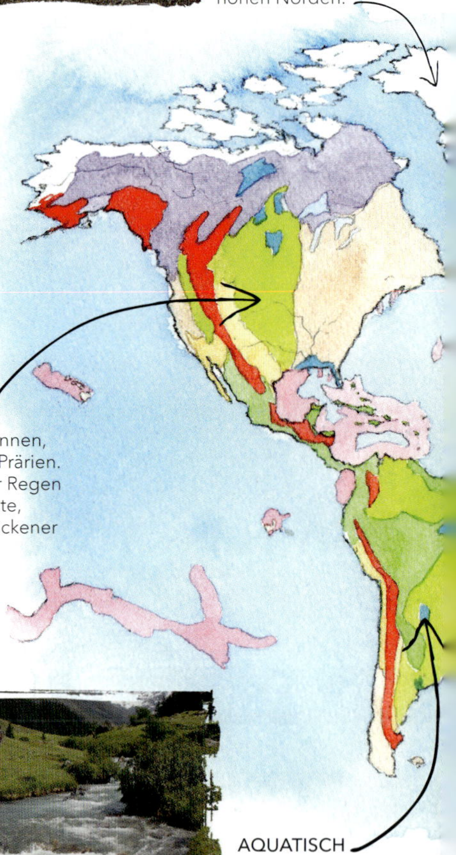

VERÄNDERUNGEN

Sich selbst überlassen, verändern sich manche Lebensräume. Röhrichtzonen sind ein gutes Beispiel. Oft lagert sich totes Pflanzenmaterial an der Basis des Schilfs ab. Es trocknet den Lebensraum aus und erlaubt die Besiedlung durch andere Pflanzen. Sträucher und schließlich Bäume bilden eine stabilere Lebensgemeinschaft.

RÖHRICHTZONE IN NORFOLK (GB)
Viele dieser wichtigen Lebensräume wären heute ohne regelmäßiges Management verschwunden.

AQUATISCH
Zu den aquatischen Lebensräumen zählen Seen, Fließgewässer und Meere. Man unterscheidet Süß- und Salzwasser.

Mehr als eine Heimat

Manche Tierarten sind an ein Biom gebunden – die europäischen Bartmeisen leben vor allem in Röhrichtzonen. Andere Arten bewohnen unterschiedliche Lebensräume – die anpassungsfähige Aaskrähe findet man in Wäldern, auf Hochebenen und auf der Nahrungssuche in Flussmündungen. Libellen wechseln den Lebensraum, wenn sie sich zum letzten Mal häuten.

Die erwachsene, Flügel tragende Libelle schlüpft aus ihrer Larvenhaut.

UMWANDLUNG
Libellen verbringen ihre Larvenstadien im Wasser, doch als erwachsene Insekten werden sie zu Jägern der Lüfte.

WALD
Wälder sind artenreiche Lebensräume. Zu ihnen gehören boreale Nadel-, tropische Regen- und gemäßigte Wälder.

Findet euer Biom auf der Karte. Vielleicht war es einmal ein gemäßigter Wald.

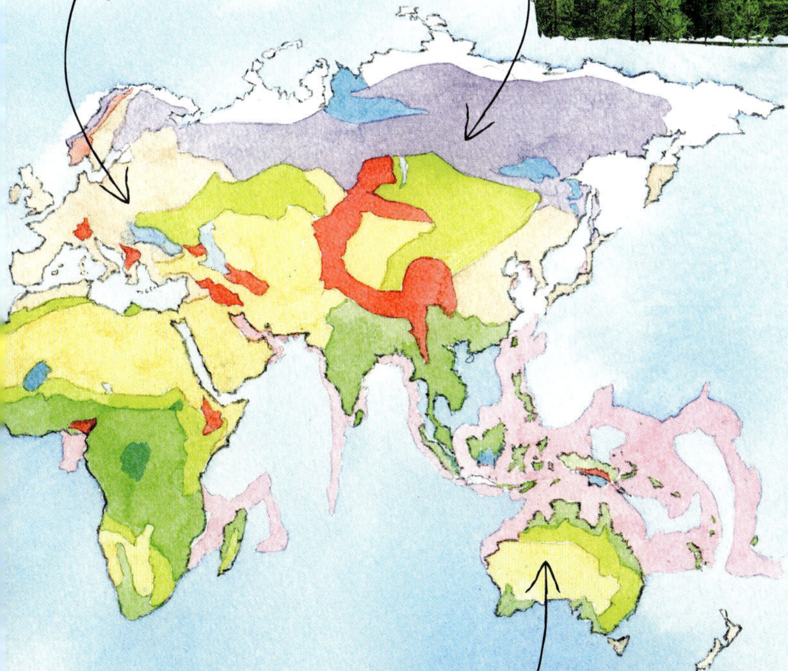

WÜSTE
Wüsten erhalten kaum Niederschläge und besitzen keine oder nur wenig Vegetation. Trotzdem haben sich viele Arten an das Leben in der Wüste angepasst.

LEBEN AUF DER ERDE

Alles Leben auf der Erde ist ein Teil eines komplexen Netzes. Zu Beginn steht ein einzelnes Exemplar einer Art, und Schritt für Schritt bewegen wir uns auf die Biosphäre zu. Einzeltiere einer Art leben meist nicht isoliert voneinander, denn Artgenossen bewohnen das gleiche Gebiet. Zusammen bilden diese Tiere eine Population. Fügt man Populationen anderer Arten hinzu, erhält man eine Biozönose (Lebensgemeinschaft). Diese lebt in einem Biotop (Lebensraum) mit bestimmtem Klima, besonderer Geologie und definierten Böden. Diese lebenden und nicht lebenden Komponenten bilden ein Ökosystem. Fügt man nun alle Ökosysteme zusammen, erhält man die Biosphäre. So ist alles miteinander verbunden und wir sollten uns hüten, die Balance zu stören.

EINZELTIER
Vermutlich seht ihr erst einmal ein einzelnes Tier einer Art. Doch dieses Tier gehört zu einer größeren Gruppe.

POPULATION
Die Tiere einer Art in einem Gebiet bilden eine Population. Die Arten bilden unterschiedlich große Populationen.

BIOZÖNOSE
All diese Populationen bilden eine Biozönose. Innerhalb einer Biozönose haben Populationsveränderungen einer Art Auswirkungen auf andere Arten.

ÖKOSYSTEM
Ökosysteme können groß oder klein sein. Sie umfassen die Lebewesen eines Gebiets und seine nicht lebenden Komponenten.

BIOSPHÄRE
Dies ist die »Kugel des Lebens«. Sie besteht aus allen Individuen aller Populationen aller Biozönosen des Planeten – ein weltweites Netz.

Die Vielfalt des Lebens

Die Vielfalt des Lebens ist außergewöhnlich. Für Naturforscher gibt es immer etwas Neues zu verstehen, zu erleben und zu bestaunen.

Wissenschaftler haben etwa 1,8 Millionen Arten beschrieben, und es mag noch weitere sechs bis zwölf Millionen Arten geben, die auf ihre Entdeckung warten. Der Mensch ist dabei nur eine Art unter vielen, doch spielt er eine besondere Rolle, die darin besteht, den Rest zu verstehen und zu bewahren.

Evolution

So wie es bei Menschen Unterschiede in der Augenfarbe gibt, so variieren auch die Tiere innerhalb einer Art. Werden die Unterschiede von Generation zu Generation weitergegeben, können vermehrt Einzeltiere mit unterschiedlichem Aussehen und neuen Fähigkeiten auftreten. Ein Vogel könnte beispielsweise mit seinem längeren Schnabel seine Jungen besser füttern können, sodass mehr von ihnen überleben. Einige der Küken erben diese Schnäbel, bis sich die Vögel dieser Population deutlich von den kurzschnäbeligen unterscheiden. Können sich langschnäbelige Vögel nicht mehr mit den kurzschnäbeligen vermehren, ist eine neue Art entstanden.

LANGSAME ENTWICKLUNG
Die heutigen Elefanten stammen wohl von einer Art der Gattung *Moeritherium* ab – einem Tier, das ein wenig den heutigen Tapiren geähnelt hat

SÄUGETIERE
Zu den Säugetieren gehören etwa 6400 Arten, zum Beispiel dieses Eichhörnchen, Fledermäuse, Wale, Kamele, Kängurus, Eisbären, Geparden, Giraffen – und Menschen.

VÖGEL
Zu den über 10 000 bekannten Vogelarten gehören so verschiedene Arten wie Strauße, Pinguine, Albatrosse, Adler, Enten, Eulen, Kolibris und Spatzen.

REPTILIEN
Die Körper dieser gleichwarmen Tiere sind meist mit Schuppen bedeckt. Zu den wohl über 10 000 Arten zählen Echsen, Schlangen, Schildkröten und Krokodile.

AMPHIBIEN
Diese Tiere haben sich an das Wasser- und an das Landleben angepasst. Zu den über 8000 Arten zählen Schleichen-, Schwanz- und Froschlurche.

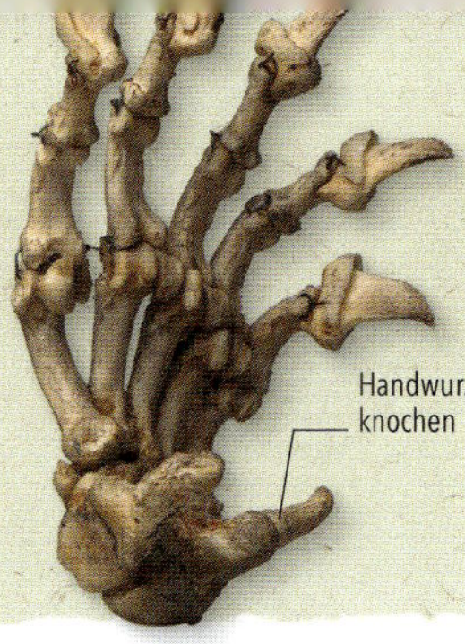

EVOLUTION IN AKTION

Diese fünf Finger und der vermeintliche Daumen des Handskeletts stammen von einem Großen Panda, einer Bärenart. Der »Daumen« ist tatsächlich ein Handwurzelknochen und länger als der echte Daumen des Braunbären. Er kann auch bewegt werden und arbeitet mit den echten Eingern zusammen, um Bambusstängel – die bevorzugte Nahrung – zu ergreifen. Er hat sich im Lauf von Jahrtausenden entwickelt, da er sich als vorteilhaft erwiesen hat.

Anpassungen

Evolution lebt von der Veränderung und wenn eine vererbte Eigenschaft die Chance zu überleben erhöht, indem sie die Nahrungssuche oder die Flucht vor einem Fressfeind erleichtert, wird diese Eigenschaft möglicherweise der nächsten Generation vererbt. Unter den Tieren haben manche Arten im Verlauf von Generationen verschiedene Anpassungen entwickelt, etwa ein der Tarnung dienendes Aussehen, scharfe Sinne, spezialisierte Mundwerkzeuge, Frostschutzmittel im Blut und sogar ein Gefieder zum Wassertransport.

MIMIKRI
Vermutlich meiden Fressfeinde die ungiftigen Königsnattern, da sie eine große Ähnlichkeit mit den hochgiftigen Korallenottern entwickelt haben.

PERFEKT ANGEPASST
Schwertschnabelkolibris erreichen mit ihren extrem langen Schnäbeln den Nektar der Blüten, die sie dabei auch bestäuben.

In den Süß-, Brack- und Salzgewässern der Erde leben fast 31 000 bekannte Fischarten, beispielsweise dieser Lachs.

INSEKTEN
Insekten sind die artenreichste Tiergruppe. Über eine Million Arten teilen sich den Planeten mit dem Menschen – und über 350 000 von ihnen sind Käfer.

SAMENPFLANZEN
Über 260 000 an Land und im Wasser vorkommende Samenpflanzen sind beschrieben worden. Zu ihnen gehören Gräser, Bäume und Stauden wie diese Rundblättrige Glockenblume.

BÄUME
Die Definition eines Baums ist zwar nicht sehr konkret, doch kann man von etwa 100 000 Baumarten auf der Welt sprechen.

PILZE
Über 120 000 Pilzarten sind beschrieben worden. Zu ihnen gehören Ständerpilze wie dieser Fliegenpilz.

Lebensstrategien

Tiere besetzen bestimmte Nischen im Netz des Lebens und haben verschiedene Strategien entwickelt, um ihr Überleben zu gewährleisten.

AASFRESSER

Herbivoren, Karnivoren und Aasfresser

Einfach ausgedrückt, nutzen die grünen Pflanzen die Sonnenenergie zum Wachsen, die Herbivoren fressen die Pflanzen und die Karnivoren die Herbivoren. Doch Nahrungsketten sind oft komplex. Füchse fressen nicht nur Kaninchen, sondern auch Früchte. Krähen fressen Aas, verzehren aber auch Samen, Früchte und kleine Tiere. Sie haben im Lauf der Evolution verschiedene Fressgewohnheiten entwickelt.

HERBIVOR

KARNIVOR

Früher Vogel oder Nachteule?

Nicht alle Tiere sind zur gleichen Zeit aktiv, sodass die Konkurrenz der Arten untereinander verringert wird. So suchen Tagfalter tagsüber Nektar und Nachtfalter in der Nacht. Tiere wie die meisten Echsen bezeichnet man als tagaktiv, und Arten wie die Igel als nachtaktiv (siehe S. 54–55). Außerdem gibt es noch dämmerungsaktive Tiere. Man kann sie vor allem in der Morgen- und Abenddämmerung beobachten.

FLEXIBEL UNTERWEGS

Die Schnee-Eule ist ein dämmerungsaktiver Jäger, der seine Jungen in der arktischen Tundra aufzieht, wo es weit im Norden keine Dunkelheit in den Sommermonaten gibt. Zu dieser Jahreszeit brütet das Weibchen, und das Männchen ist allein dafür verantwortlich, die bis zu elf Jungen, das Weibchen und sich selbst zu ernähren. Deshalb jagt es auch tagsüber.

NACHT UND TAG
Die nachtaktiven Igel leben in Europa, Afrika und Asien. Echsen können tag- oder nachtaktiv sein. Die Waldeidechse ist tagaktiv.

TAGAKTIV

NACHTAKTIV

SCHLÄFRIGE KÄFER
Manche Marienkäfer überwintern in Gruppen und nutzen dazu ihre Fettreserven. Man hat schon Gruppen von über 10 000 Tieren gefunden.

Der Kälte entfliehen

Um ihre Körpertemperatur zu halten, benötigen Säugetiere Nahrung, doch die ist im Winter schwer zu finden. Einige Arten verfallen in einen Winterschlaf. Dabei wird ihr Stoffwechsel auf ein Minimum heruntergefahren, und sie nutzen während der nahrungsreichen Zeit angelegte Fettreserven, um den Winter zu überstehen. Wirbellose, Reptilien und Amphibien verfallen dagegen in eine Winterstarre. Migration ist vor allem bei vielen Vögeln bekannt, doch gibt es sie auch bei Fischen, Schmetterlingen und Säugetieren. Sie legen auf der Suche nach Nahrung und Brutgebieten weite Entfernungen oft entlang bestimmter Routen zurück.

MIGRATION
Rentiere können über 5000 km pro Jahr zurücklegen und dabei auch Flüsse überwinden. Kein anderes Landsäugetier bewältigt derartige Entfernungen.

Die Migration der Buckelwale kann von der Pazifikküste aus beobachtet werden.

WEITE REISE
Buckelwale wandern zwischen dem mittelamerikanischen Pazifik und der Antarktis hin und her – weiter als jedes andere Säugetier. Sie legen über 8000 km zurück.

WIE ZUGVÖGEL NAVIGIEREN

Die Fähigkeit der Vögel, zwischen den manchmal Tausenden von Kilometern voneinander entfernten Brut- und Überwinterungsgebieten zu navigieren, ist beeindruckend. Sie nutzen visuelle Hilfsmittel wie den Verlauf von Flüssen und die Sonne dient ihnen als Kompass, wobei sie ihren Stand am Himmel mit ihrer inneren Uhr synchronisieren. Nachts dienen die Sterne als Hilfsmittel. Vögel können sich auch am Magnetfeld der Erde orientieren. In der Nähe ihres Ziels kann ihnen der Geruchssinn helfen. Sturmvögel finden so ihre Nistplätze.

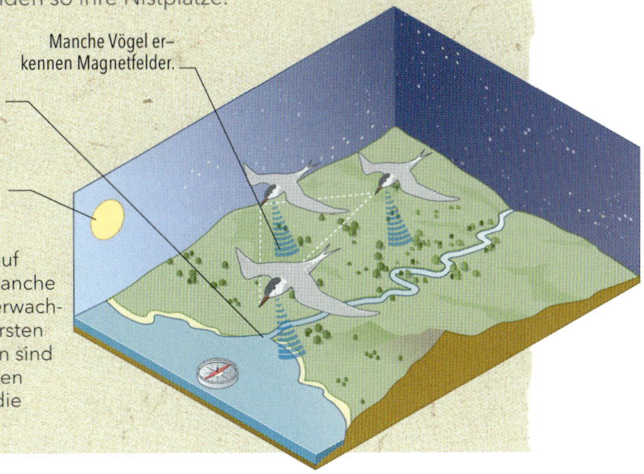

KARTE IM KOPF
Die Navigation beruht auf einer geistigen Karte. Manche Jungvögel folgen den erwachsenen Tieren bei ihrer ersten Migration, doch anderen sind die nötigen Informationen angeboren, sodass sie die Reise allein bewältigen.

Zurück von der Schwelle

Das menschliche Einwirken auf die Natur kann einen dramatischen Einfluss auf die Existenz der Pflanzen und Tiere haben.

Menschen können Tier- und Pflanzenpopulationen auf unterschiedliche Weise schaden. Allerdings können sie die Effekte manchmal auch umkehren. Ein Beispiel dafür ist der Seeotter. Er ist wegen seines Pelzes fast ausgerottet worden, kann nun aber dank erfolgreicher Schutzmaßnahmen wieder in den Gewässern vor der nordamerikanischen Pazifikküste beobachtet werden. Schutzprojekte haben auch dem amerikanischen Bison geholfen, dessen einst Millionen zählende Herden durch Jagd dezimiert worden waren. Der Fischadler, der 1916 durch Eiersammler und Jäger in Großbritannien als Brutvogel ausgerottet worden war, hat auch eine Wiederbesiedlung erlebt. Der Quendel-Ameisenbläuling war in Großbritannien 1979 verschwunden, ist aber wieder erfolgreich eingeführt worden. Obwohl es also Erfolge gibt, bleiben dennoch viele Pflanzen- und Tierarten bedroht.

FISCHADLER
Fischadler sind 1954 nach Schottland zurückgekehrt. Durch Schutzmaßnahmen und die Einführung in England ist die Zahl auf insgesamt 250 Paare gestiegen.

WISENT
Der europäische Wisent ist von der Schwelle des Aussterbens zurückgeholt worden. Über 7000 Tiere leben in Schutzgebieten wie dem Białowieża-Urwald in Polen.

Ameisenbläuling
Wiedereinführung und Landmanagement haben die Population des Quendel-Ameisenbläuling in Großbritannien gerettet.

SEEOTTER
Wiedereinführung und Schutz ließen die Populationen des Seeotters im Nordpazifik wieder einen Bestand von über 100 000 Exemplaren erreichen.

Wetter und Himmel

Vielleicht haben keine anderen Faktoren einen größeren Einfluss auf das Leben als das Wetter und das Klima – sowohl kurzfristig als auch auf lange Sicht. Stündliche, tägliche oder jahreszeitliche Veränderungen üben große Einflüsse auf die Arten und ihre Populationen aus, und lokale Effekte können eine Katastrophe oder ein Glücksfall sein. Ein Wolkenbruch in der Wüste kann eine Explosion des Lebens auslösen, doch der gleiche Vorfall kann es an anderer Stelle auch auslöschen. Der Einfluss des Klimas auf unsere eigene Art scheint immer bedrohlicher zu werden, da eine zunehmend problematische Entwicklung zu erwarten ist. Das Verständnis der Wetterphänomene ist daher eine wichtige Voraussetzung dafür, das Leben auf der Erde begreifen zu können.

Jahreszeitliche Muster

Veränderungen des Wetters finden in täglichen und jahreszeitlichen Zyklen sowie regionalen Mustern statt. Diese Muster sowie auftretende Extreme ergeben das Klima.

Die Sonne

Ohne Sonnenenergie gäbe es kein Klima auf der Erde. Der tägliche Zyklus aus Licht und Dunkelheit wird durch die Rotation des Planeten hervorgerufen, und die Jahreszeiten entstehen durch die Position der Erdhalbkugeln auf ihrer Reise um die Sonne. Da diese Bahn nicht kreisrund ist, steht die Erde der Sonne im Januar näher als im Juli. In etwa 13 000 Jahren ist es umgekehrt, sodass wir wärmere nördliche Sommer bekommen.

POLARKLIMA
Einige Vögel und Wale ziehen in die Polarregionen, wenn das regionale Meereis saisonal ab- oder zunimmt.

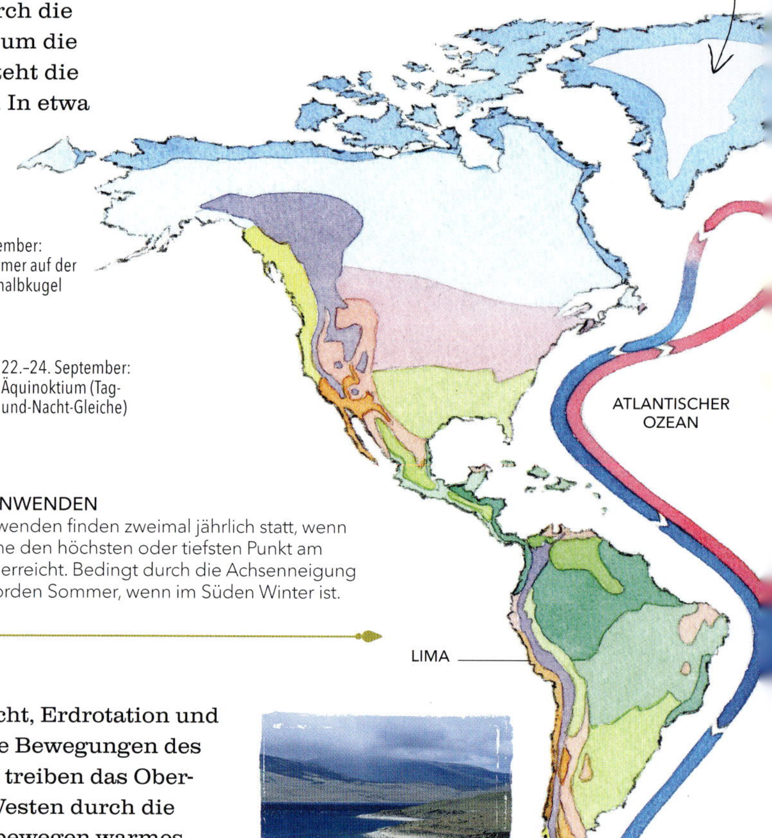

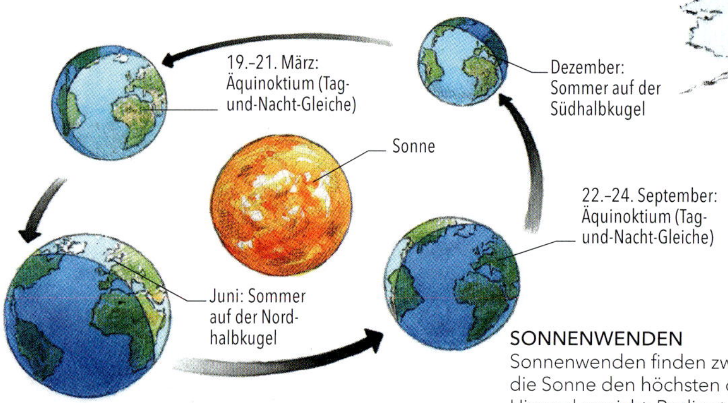

SONNENWENDEN
Sonnenwenden finden zweimal jährlich statt, wenn die Sonne den höchsten oder tiefsten Punkt am Himmel erreicht. Bedingt durch die Achsenneigung ist im Norden Sommer, wenn im Süden Winter ist.

JETSTREAM
Diese Luftströmungen regulieren das Klima, indem sie die Temperaturen und den Luftdruck ausgleichen.

Strömungen

Kontinente, Sonnenlicht, Erdrotation und Mond beeinflussen die Bewegungen des Meerwassers. Passate treiben das Oberflächenwasser nach Westen durch die Tropen. Strömungen bewegen warmes Wasser im Westen des Pazifiks und des Atlantiks zu den Polen, und im Osten dieser Meere gelangt kaltes Wasser zum Äquator. In den dichten Meeren ist viel mehr Wärme gespeichert als in der relativ dünnen Atmosphäre. So ist es im nördlich gelegenen London relativ mild, während es im äquatornahen Lima recht kühl ist.
Ein breites »globales Förderband« (Karte oben) zieht sich durch die Weltmeere.

WÄRME DES MEERS
Trotz der Nähe zu Antarktika wird Südchile vom Meer vor der extremen Kälte geschützt, sodass hier Arten der gemäßigten Klimazonen leben können.

LEGENDE

- Polargebiete
- Tundra
- Subarktis
- Kontinental
- Gemäßigt
- Warm, ozeanisch
- Mediterran
- Semiarid
- Arid
- Subtropisch
- Äquatorial
- Gebirge

Globale Zonen

Alle Lebensräume und Biome (siehe S. 10–11) werden von Sonnenlicht und Feuchtigkeit beeinflusst. Man teilt die Erde in ein System von Klimazonen (siehe unten) ein, bei denen die Breitengrade (die Entfernung vom Äquator) bei Weitem die wichtigste Rolle spielen. Meeresströmungen und Oberflächenformen (Topografie) sind ebenfalls wichtig. Küstenwüsten erhalten dank kühler Küstengewässer und stabiler Luftschichten kaum oder gar keinen Regen. Gewitter gibt es in gemäßigten Zonen häufiger, wo sich Hitze staut und Luftmassen aufeinandertreffen.

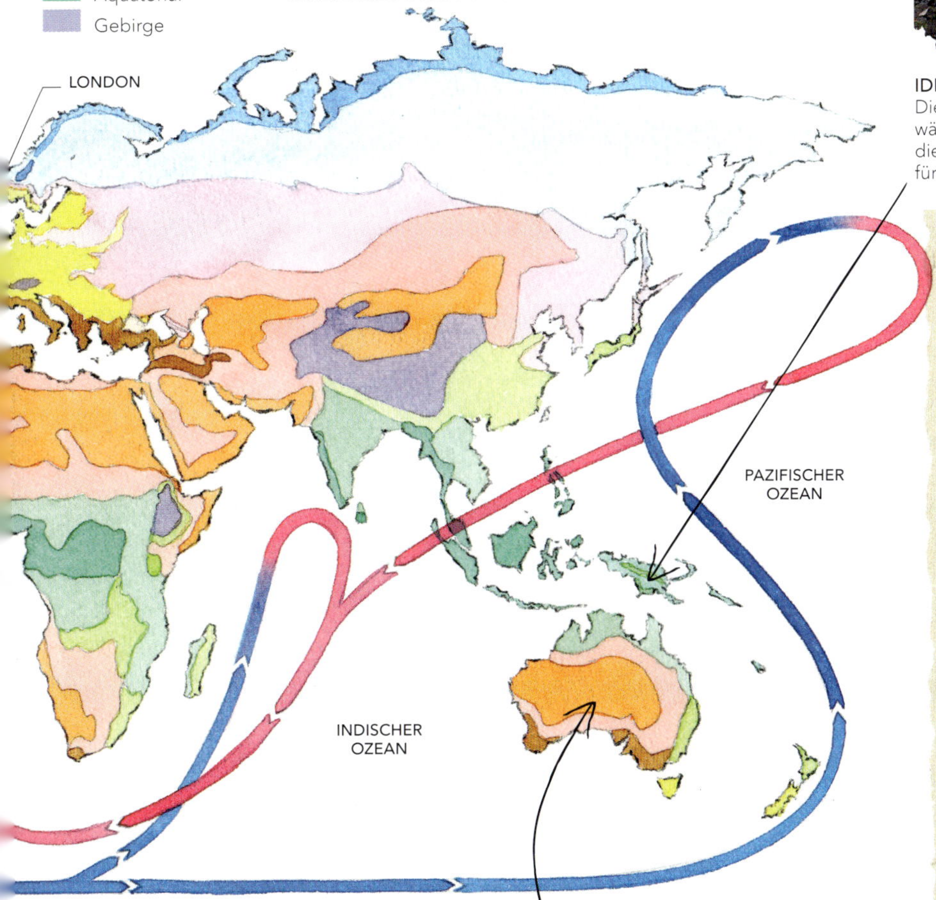

IDEALES MIKROKLIMA
Die hohen Baumkronen tropischer Regenwälder dienen als Sonnenschirme, sodass die Luft warm und feucht bleibt und ideal für Schmetterlinge und Frösche ist.

CORIOLISKRAFT

Bei seiner Rotation dreht sich der Planet in den Tropen (hier ist sein Umfang am größten) schneller von Westen nach Osten als in den Polarregionen. Wenn Luft von den Tropen zu den Polen strömt, wird sie nach rechts abgelenkt – ein Effekt, der als Corioliskraft bekannt ist. Zum Äquator strömende Luft wendet sich ebenfalls nach rechts und erzeugt die Passate. Dies erklärt die vorherrschenden Winde.

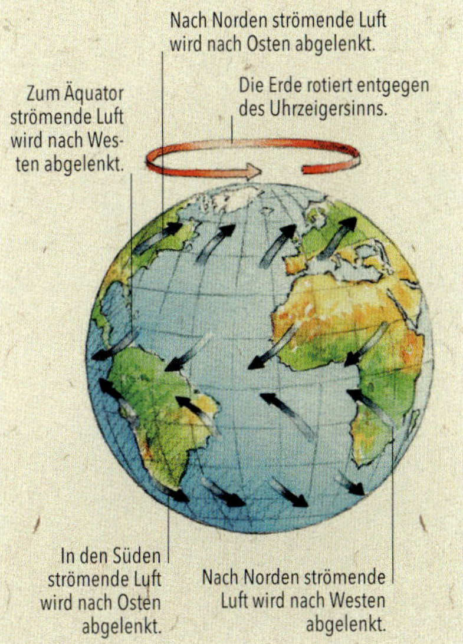

LEGENDE

WARME OBERFLÄCHENSTRÖMUNG

KALTE, SALZIGE TIEFWASSERSTRÖMUNG

FÖRDERBAND
Warmes Oberflächenwasser fließt vom Pazifischen und Indischen Ozean um Afrika herum und nach Norden durch den Atlantik. Es sinkt zu kaltem Tiefenwasser ab und vervollständigt den Zyklus.

ARIDES KLIMA
Trotz der Trockenheit und der Temperaturschwankungen sind viele Arten, etwa Echsen und Spinifex-Gras, gut an das Wüstenklima angepasst.

Wolkenhimmel

Will man Luftströmungen verstehen und das Wetter voraussagen, sollte man sich mit den verwirrenden Wolkenformen beschäftigen.

Wie sich eine Wolke bildet

Wasserdampf bildet die Basis einer jeden Wolke. Wenn warme Luft nach oben steigt, kühlt sie ab und ihre relative Feuchtigkeit nimmt zu. Die Luft wird gesättigt und der Wasserdampf kondensiert an Staub, Salz oder anderen Teilchen und bildet eine Wolke. Ihr Typ hängt von der Höhe, der Temperatur, dem Feuchtigkeitsgehalt und der umgebenden Luft ab.

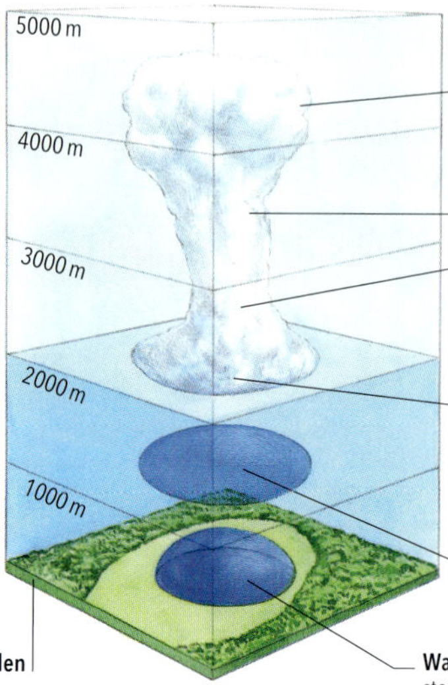

WOLKENBILDUNG
Wenn Wasser in der aufsteigenden Luft kondensiert, gibt es Wärme ab. Die Wolke steigt dadurch weiter auf, bis sie die Temperatur der sie umgebenden Luft erreicht hat.

Wolken identifizieren

Je höher die Wolke sich befindet, desto geringer ist ihre Temperatur. Einige Wolken bestehen aus Eiskristallen, andere aus Wassertröpfchen, und so ergeben sich unterschiedliche Formen. Unsere Klassifizierung basiert auf der des englischen Apothekers Luke Howard. 1783 entwickelte er (beeindruckt von den Farben der von Vulkanausbrüchen geprägten Sonnenuntergänge) ein System, das er 1802 vorstellte: Stratus (»Schicht«), Cumulus (»Haufen«), Nimbus (»Regen«) und Cirrus (»lockig«).

WOLKENSCHICHTEN
Viele Wolken sind Kombinationen der Hauptkategorien. So ist Nimbostratus eine Schicht von Regenwolken.

Jede Wolke hat einen Code aus zwei Buchstaben: nützlich zum Notieren von Beobachtungen.

Wolkencodes
Cirrus (Ci)
Cirrocumulus (Cc)
Cirrostratus (Cs)
Altocumulus (Ac)
Altostratus (As)
Nimbostratus (Ns)
Stratocumulus (Sc)
Stratus (St)
Cumulus (Cu)
Cumulonimbus (Cb)

AUSSERGEWÖHNLICHE WOLKEN

Manche Wolkentypen sind selten und nur in bestimmten Gegenden zu beobachten. Leuchtende Nachtwolken (NLC) bilden sich in Höhen von etwa 80 km. Früher nur in hohen Breitengraden (im Norden oder Süden) beobachtet, treten sie heute auch näher am Äquator auf. Linsenförmige Wolken (Lenticularis) erinnern manchmal an einen Tellerstapel. Sie entstehen, wenn Winde über ein Gebirge wehen.

LEUCHTENDE NACHTWOLKE
Diese höchsten Wolken der Erde kann man oft unmittelbar nach Sonnenuntergang sehen.

LINSENWOLKE
Wegen ihres außerirdischen Aussehens sind diese Wolken schon einmal für UFOs gehalten worden.

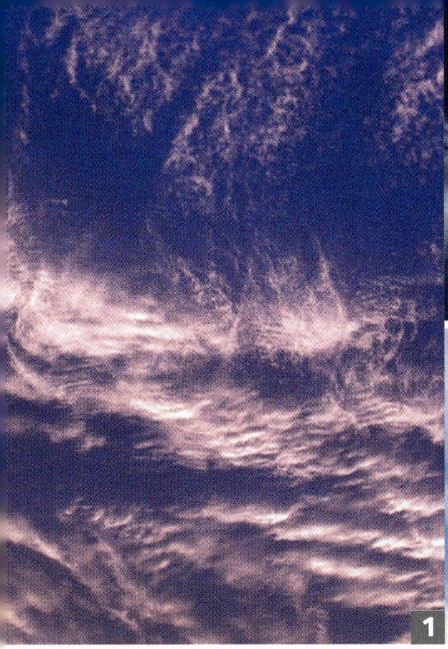

Hohe Wolken

Hohe Wolken bilden sich 5–15 km über dem Meeresspiegel und bestehen vor allem aus flächigen oder streifenförmigen Cirruswolken. Sie sind oft das erste Anzeichen eines Gewitters oder auch einer länger andauernden Schlechtwetterfront. Wenn Sonnen- oder Mondlicht durch Cirruswolken fällt, erzeugen Eiskristalle verschiedene optische Effekte.

1 Sehr variable Wind- und Feuchtigkeitsmuster erzeugen ein Muster von Cirruswolken.

2 Ein Wellenmuster entsteht, wenn der Wind über den Wolken schneller als unter ihnen bläst. Man bezeichnet das als Kelvin-Helmholtz-Wellen.

3 Kondensstreifen – durch Flugzeuge erzeugte Wolkenbänder – können mit Cirruswolken reagieren oder neue Cirruswolken bilden.

Mittelhohe Wolken

Die mittlere Zone reicht von 2–5 km über dem Meeresspiegel und bildet einen Übergangsbereich. Hier nehmen die Wolken durch Bewegungen über, unter und innerhalb der Schicht unterschiedliche Formen und Größen an. Die meisten Wolken tragen hier die Vorsilbe *alto*, die aus dem Lateinischen kommt und »hoch« bedeutet.

1 Cumuluswolken werden oft nach oben in diese Schicht geschoben. Hier treffen Cumulus- (unten) und Altocumuluswolken (oben) aufeinander.

2 Altocumuluswolken erscheinen oft als unterbrochene Streifen, vor allem über dem Meer. Kleine Wirbel können diese Wolken zu Streifen oder zu Gruppen von »Schäfchenwolken« formen.

3 Wenn es in den mittleren Bereichen feuchter als darunter ist, können Wolken Regen oder Schnee produzieren, die schnell verdunsten, wenn sie fallen, und Streifen erzeugen, die von dunklen Wolken herabhängen. Sie werden als *Virga* bezeichnet (lateinisch für »Zweig«).

Tiefe Wolken

Wärme und Feuchtigkeit in der Nähe der Erdoberfläche ermöglichen ein schnelles Wolkenwachstum. Tiefe Wolken bilden sich bei ruhigen Bedingungen und können zu Nebel führen (siehe S. 25). Bei sehr instabilen Verhältnissen können Cumulonimbuswolken entstehen (Gewitter).

1 Sich auftürmende Cumuluswolken können Höhen von mehr als 10 km erreichen.

2 Eine Cumuluswolke, die sich in Höhen erstreckt, in denen weniger als 0 °C herrschen, wird zu einer Cumulonimbuswolke mit einem ambossförmigen Oberteil, das aus Cirrus-Eiskristallen besteht.

3 Stratocumuluswolken im Gefolge eines Sturms sehen zerfranst aus, da die Turbulenzen und Windveränderungen Teile der Wolkenformation zerstören.

Nasses Wetter

Nach dem Verdunsten bleibt Wasserdampf eine Woche lang in der Luft. Die Moleküle kondensieren zu Wolken und kehren zur Erde zurück.

Regen

Einige Teile der Erde erhalten kaum Regen, während andere fast täglich überflutet werden. Die Regenmenge spielt für die Tier- und Pflanzenarten eine große Rolle. Kühle Gebiete wirken feuchter als sonnige, doch das kann täuschen – im Durchschnitt erhält das sonnige Dallas (USA) jährlich fast doppelt so viele Niederschläge wie London (Großbritannien).

1 Frontalniederschläge treten auf, wenn sich Wetterfronten vorwärtsschieben und Wasser in der aufsteigenden Luft kondensiert. Sie enden schnell, sobald sich die Front aufgelöst hat.

2 Steigungs- oder Stauniederschläge entstehen, wenn Luft über ein Gebirge verfrachtet wird, sodass Feuchtigkeit aufsteigt und kondensiert.

3 Warme, feuchte Luft, die von kühler, trockener Luft überschichtet wird, kann zu Gewittern führen, die über das Land verteilt oder als Gewitterfront auftreten. Dies nennt man schauerartige Niederschläge.

4 Zyklonale Niederschläge entstehen, wenn feuchte Luft in Tiefdruckbereiche vordringt und ausgedehnte Wolkenbildung und Regenfälle hervorruft.

Wie sich Regentropfen bilden

Regentropfen sind oft Schneeflocken, die sich um Staubpartikel oder Pilzsporen in hohen Wolken bilden. Sie fallen in wärmere Luft herab, schmelzen und erreichen den Boden als Regen. In warmem Klima schließen sich sofort winzige Wassertröpfchen zusammen, die im Fall weitere aufnehmen und immer größer werden.

LUFTSTRÖMUNGEN

Steigt warme Luft auf und kühlt sich ab, kondensiert Wasserdampf zu Wolken. Fallen Regen oder Hagel herab, wird dadurch ein Fallwind erzeugt.

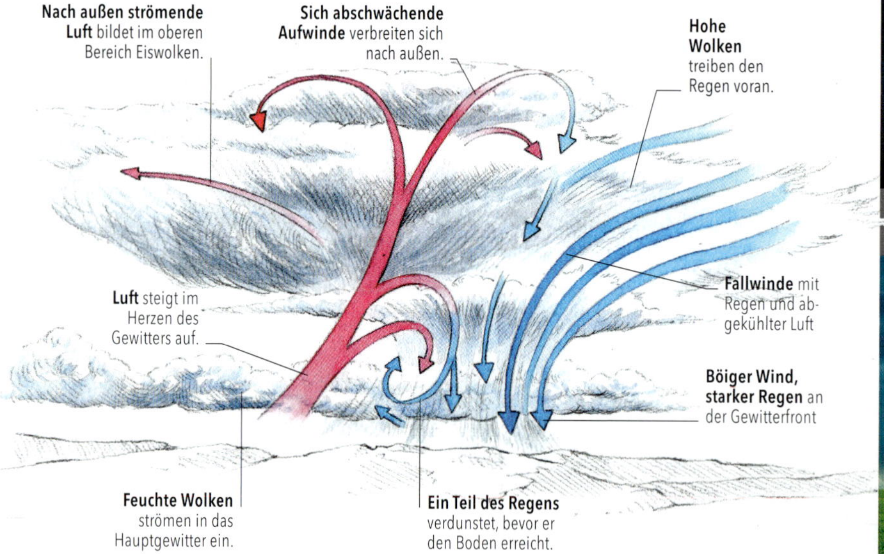

Schnee und Hagel

In vielen Teilen der Welt gibt es gefrorene Niederschläge. Während Schnee sich nur bei weniger als 0 °C in den Wolken bildet, kann er sich am Boden auch bei höheren Temperaturen ansammeln. Liegt sie einmal, reflektiert eine dicke Schneeschicht das Sonnenlicht und hält die Oberfläche kalt. Hagel bildet sich, wenn feuchte Aufwinde in einem Gewitter fallende Eiskristalle wieder in kalte Höhen bringen, wo sie sich zusammenballen können.

SCHNEE
Im Durchschnitt liefert 1 mm Wasser 1 cm Schnee. Die Ausbeute ist bei dem trockenen, pulverigen Schnee in kalter Umgebung meist höher.

HAGEL
Hagelkörner können bis zu grapefruitgroß werden. Diese oft gefährliche Form des Niederschlags kann Feldfrüchte und Fahrzeuge stark beschädigen.

SCHNEEFLOCKEN

Eiskristalle bilden sechsseitige Strukturen (Hexagone). Unterschiedliche Kristallformen entstehen temperaturabhängig: bei Temperaturen nahe dem Gefrierpunkt Cluster aus Nadeln oder Platten, bei kälterer Luft säulen-, platten- oder sternförmige Kristalle.

PLÄTTCHEN

DÜNNE PLATTE

STERN

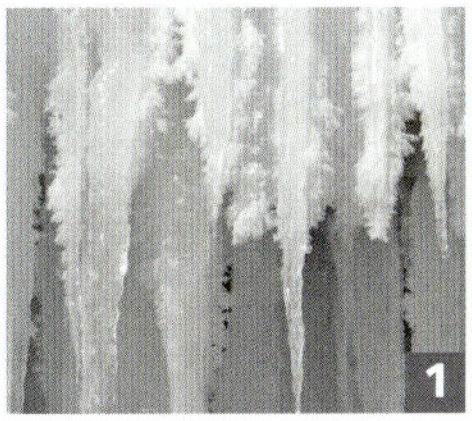

Reif und Tau

Vor allem in klaren und ruhigen Nächten kann die Luft in Bodennähe so abkühlen, dass sie mit Feuchtigkeit gesättigt ist. Weitere Abkühlung führt zur Kondensation auf Gras und anderen Oberflächen. Abhängig von der Temperatur bilden sich Reif oder Tau. Steigt die Temperatur am Morgen an, verschwinden die Beläge.

1 Das oft wunderschöne Raueis entsteht, wenn Wassertröpfchen aus weniger als 0 °C kalter Luft auf eine Oberfläche treffen.

2 Raureif entsteht, wenn sich Eis auf Oberflächen bildet und die Lufttemperatur in Bodennähe unter 0 °C gefallen ist.

3 Tautropfen sieht man oft an klaren, ruhigen Sommermorgen. Sie verdunsten, wenn die Sonne die Luft erwärmt und die Luftfeuchtigkeit sinkt.

4 Wenn sich die Luft nachts abkühlt, fließt sie in Vertiefungen, in denen sich Raueis und Raureif besonders dick ablagern.

Dunst und Nebel

Nebel ist im Prinzip eine bodennahe Wolke, die auftritt, wenn die Erdoberfläche sich abkühlt und Wasser zu Tröpfchen kondensiert. Auch dichter Nebel erstreckt sich oft nur wenige Meter über dem Boden. Wenn die Sichtweite weniger als einen Kilometer beträgt, spricht man von Nebel. Dunst ist dagegen eine weniger dichte Form des Nebels.

NEBELMEER
Kaltes pazifisches Wasser in der Nähe von San Francisco (USA) ruft Nebel hervor, da die feuchte, salzhaltige Luft die Hügel der Stadt hinauffließt und die Golden Gate Bridge umgibt.

Gewitter

Ob ruhig, böig oder stürmisch – der Wind ist in Bewegung geratene Atmosphäre, die sich auf Tiefdruckgebiete zu und um sie herum bewegt.

Brisen

Die häufigste Form des Winds nimmt man in Form von Brisen in Küstennähe wahr – das Ergebnis von Temperaturunterschieden. Der asiatische Monsun wird von einem jahreszeitlichen Rhythmus bestimmt: Sommerhitze erwärmt den Kontinent, sodass Feuchtigkeit ins Inland transportiert wird. Brisen beeinflussen die Lebensräume, nicht zuletzt, indem sie ein besonderes Mikroklima erschaffen.

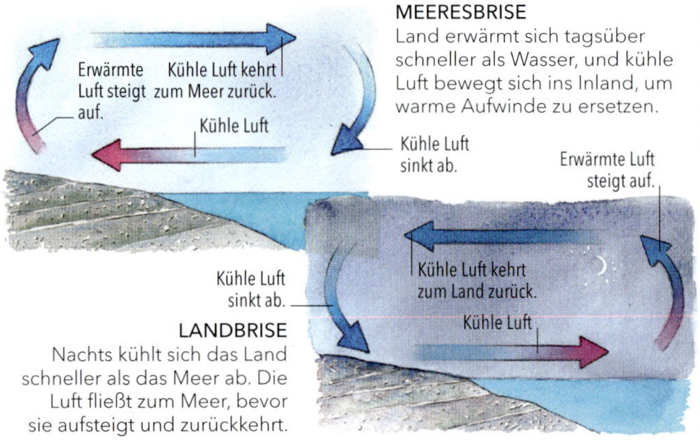

MEERESBRISE
Land erwärmt sich tagsüber schneller als Wasser, und kühle Luft bewegt sich ins Inland, um warme Aufwinde zu ersetzen.

LANDBRISE
Nachts kühlt sich das Land schneller als das Meer ab. Die Luft fließt zum Meer, bevor sie aufsteigt und zurückkehrt.

LOKALE WINDE

Auf der Welt gibt es viele lokale Winde. Der Mistral ist beispielsweise ein kalter Nordwind, der durch Südfrankreich zum Mittelmeer weht. Sowohl der ständige Wind als auch das zugehörige Tiefdruckgebiet verursachen Kopfschmerzen und machen Kinder und Tiere unruhig und gereizt. Der Harmattan transportiert einen dichten Schleier aus Saharastaub nach Nordafrika.

HURRIKAN
Winde führen Feuchtigkeit aus warmen Meeren ab. In jedem Jahr entstehen 40 bis 50 tropische Stürme, die als Hurrikane, Taifune oder Zyklone bezeichnet werden – verschiedene Namen für den gleichen Sturm. Oft sind sie eher harmlos, doch manche führen zu Verwüstungen.

Zyklone

Jedes Tiefdruckgebiet ist rein technisch betrachtet ein Zyklon, obwohl der Begriff meist mit einem Wirbelsturm in Verbindung gebracht wird. In den USA ist Zyklon ein anderer Name für den Tornado, und Hurrikan und Taifun sind andere Namen für einen tropischen Zyklon. Zyklone sind meist starke Stürme, die Regen, Schnee oder Wind mit sich bringen, und sie beginnen als große Tiefdruckgebiete. Luft strömt herbei, um den Unterdruck auszugleichen, und infolge des Coriolis-Effekts (siehe S. 21) beginnt sich die Luft zu drehen – im Uhrzeigersinn auf der Süd- und andersherum auf der Nordhalbkugel.

VERZWEIGTER BLITZ
Von der Wolke zum Boden reichende Blitze sind eindrucksvoll, können aber auch sehr gefährlich sein.

Tornados

Die stärksten auf den Boden herabreichenden Winde sind die Tornados – sie erreichen über 485 km/h. Diese sich drehenden Säulen – klein, kurz, aber zerstörerisch – werden durch Gewitter hervorgerufen. Vor allem treten sie in Bangladesch und den USA auf, wo es starke Temperaturunterschiede, aber auch Feuchtigkeit gibt. Sie kommen aber auch sonst in mittleren Breiten vor. Scheinen sie stationär zu sein, werden aber größer, dann nähern sie sich!

WIRBELSTÜRME
Gegenstände werden durch die stärksten Tornados umhergewirbelt (oben). Bei Wasserhosen (links) kann ein weißer Ring auf dem Wasser auftreten.

STURMJÄGER

Weil Windhosen – ein anderer Name für Tornados – schnell auftreten und wieder verschwinden, müssen Wissenschaftler sie zur Untersuchung jagen. Radaranlagen auf Lastwagen, wie es sie seit den 1990er-Jahren gibt, haben die Erstellung von vielen Profilen ermöglicht. Das mag sich glamourös anhören, ist aber eine harte Arbeit. Oft werden nur wenige Minuten dokumentiert.

STURMJÄGER IN TEXAS (USA)

Donner und Blitze

Gewitter erzeugen Blitze durch elektrische Felder, die entstehen, wenn Eiskristalle und Wassertröpfchen sich aneinander reiben. Einschläge auf dem Boden bedrohen oft Menschen und ihr Hab und Gut, doch die meisten Blitze entstehen zwischen den Wolken. Ein einziges Gewitter kann in nur wenigen Stunden Tausende von Blitzen erzeugen. Der von den Blitzen erzeugten großen Hitze folgt eine plötzliche Ausdehnung von Luft im Blitzkanal und diese Explosion ruft den Donner hervor.

BLITZ VON WOLKE ZU WOLKE
Schichten von Cirruswolken können sich über Dutzende von Kilometern über einem Gewitteraufwind erstrecken. Diese Regionen können spektakuläre Blitze hervorbringen, die man lange vor oder nach dem Gewitter sieht.

Wettervorhersagen

Die Wettervorhersage ist vom Aberglauben zur Wissenschaft geworden. Sieht man genau hin, kann man die Grundlagen erkennen und eigene Vorhersagen machen.

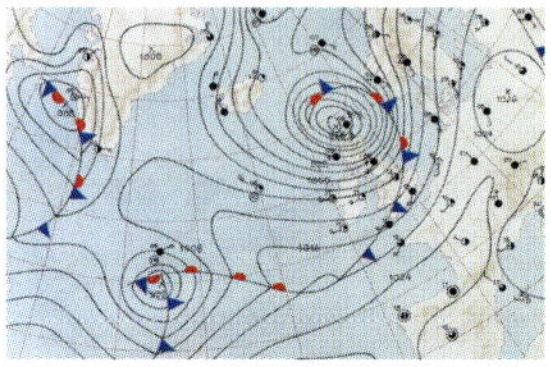

WETTERKARTE
Wetterkarten zeigen Warm- und Kaltfronten sowie Isobaren (Linien gleichen Luftdrucks).

Die Professionellen

Vorhersagen entstehen mithilfe von Computern, in die weltweit Informationen eingegeben werden. Komplexe Software interpretiert die Daten, die auf unserem Verständnis der Atmosphäre beruhen. Obwohl sie nicht perfekt sind, sind ein- bis dreitägige Vorhersagen im Lauf der letzten Jahrzehnte immer exakter geworden. Erweiterte Modelle reichen zehn Tage weit in die Zukunft.

VORHERSAGE
Meteorologen berücksichtigen Daten von Wetterstationen auf der ganzen Welt.

Heimstation

Wenn ihr eine eigene Wetterstation aufstellen wollt, könnt ihr verschiedene digitale Geräte zum Speichern der Informationen nutzen, sie ablesen und in eurem Computer speichern. Verschiedene Fenster zeigen Temperatur, Luftfeuchtigkeit, Luftdruck und Niederschläge an. Ihr könnt sogar Daten in verschiedene öffentliche oder private Netze hochladen, die Informationen aus der ganzen Welt sammeln.

ANEMOMETER
Der Rotor (links) misst die Windgeschwindigkeit. Die Fahne (rechts) richtet ihn aus und zeigt auf diese Weise die Windrichtung an.

DIGITALE WETTERSTATION
Mit modernen Geräten kann man zum Beispiel Temperatur und relative Luftfeuchtigkeit an einem bestimmten Ort zu jeder beliebigen Zeit messen.

VORHERSAGE EINER WARMFRONT

Oft kann man eine Warmfront anhand der Wolkenformationen vorhersagen. Wenn sie sich nähert, bewegt sich feuchte, warme Luft über uns hinweg und verdrängt die kalte Luft darunter. So entstehen dichte, tief hängende Wolken, die ein paar Stunden lang einen bedeckten Himmel verursachen. Regen oder Schnee können nun fallen.

1 Cirruswolken (siehe S. 22) sind oft das erste Anzeichen einer Warmfront.

2 Ein Halo (Ring) kann Sonne oder Mond umgeben, wenn die Cirruswolken zu Cirrostratuswolken werden.

3 Die Sonne kann schwächer erscheinen, wenn sich die Wolken absenken und zu Altostratuswolken verdichten.

4 Starke Regenfälle können der Warmfront vorausgehen, aber dann abrupt enden.

EINEN SCHAUER VORHERSAGEN

Ein sich näherndes Gewitter erkennt man an den Cumuluswolken, die durch aufsteigende Luft entstehen (siehe S. 22). Sie können Gewitter auslösen, wenn sie in viel kältere Luft aufsteigen. Schwächere Schauer dauern eine Stunde oder zwei. Stärkere können von einer in einem Tiefdruckgebiet eingebetteten Kaltfront ausgelöst werden (siehe S. 26).

1 Schönwetter-Cumuluswolken entwickeln sich oft zu Wölkchen, die lediglich kurz die Sonne verdecken.

2 Moderate Cumuluswolken reichen höher und weisen auf ein baldiges Schauer- oder Sturmrisiko hin.

3 Sich auftürmende Cumuluswolken reichen in kalte Luftschichten. Infolgedessen kann ein Gewitter entstehen.

HAGELMESSUNG
Eine Aluminiumfolie auf einer Polystyrol-Platte ist ein einfaches Messinstrument, mit dem man die Größe von Hagelkörnern bestimmen kann.

REGENMESSUNG
Dieses jahrhundertealte Verfahren ist noch immer ein Standard der Niederschlagsmessung.

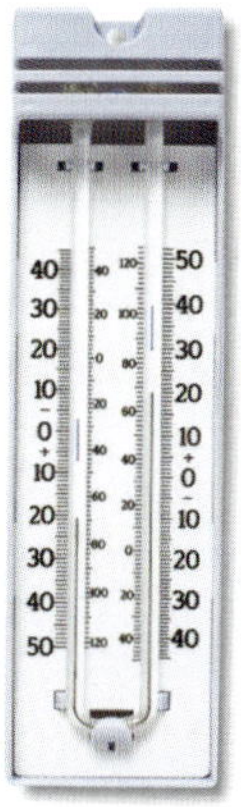

THERMOMETER
Min-Max-Typen speichern die tiefsten und höchsten Werte.

BAROMETER
Dieses Instrument zeigt das Steigen und Fallen des Luftdrucks an, der zum Beispiel auf sich nähernde Gewitter hinweisen kann.

Fühlt sich der Tang in der Wohnung feucht an, könnte es bald regnen.

TANG

Bauernregeln

Viele Kulturen haben eigene Formen entwickelt, das Wetter auf ihre Weise zu interpretieren. Einfache Beobachtungen werden zu Bauernregeln. In vielen Ländern verknüpft Poesie den Anblick des Himmels oder das Aussehen von Tieren oder Pflanzen mit einem zukünftigen Wetter. Und obwohl die moderne Wettervorhersage die Folklore weitgehend ersetzt hat, sind manche der alten Bauernregeln noch nicht einmal falsch.

Ein offener Zapfen weist auf trockenes Wetter hin.

KIEFERNZAPFEN

ABENDROT
Dieser Sonnenuntergang kann auf trockene Luft aus dem Westen hinweisen. Daher der Spruch »Abendrot, Gutwetterbot«.

HALO
Die Wolken vor einer Warmfront können ein Halo um den Mond erzeugen.

ABERGLAUBE

Anders als die Bauernregeln verbindet der Aberglaube übernatürliche Bedeutungen mit einfachen Wetterereignissen. So soll es, wenn es am Siebenschläfertag (27. Juni) regnet, auch weitere sieben Wochen lang regnen. Regenbögen, die durch Lichtbrechung in den in der Luft enthaltenen Wassertröpfchen entstehen, werden auch oft auf geheimnisvolle Weise interpretiert.

REGENBOGEN
Verschiedene Kulturen interpretieren Regenbögen als Wege zu Reichtum oder Verderben.

Klimawandel

Das globale Klima hat sich seit dem Bestehen der Erde verändert, doch nun beeinflusst die Aktivität der Menschen die Atmosphäre.

Ursachen des Klimawandels

Obwohl sowohl die natürliche als auch die menschliche Aktivität einen Einfluss auf das Klima der Erde haben, übertreffen die durch Menschen verursachten die durch die Natur ausgelösten Veränderungen. Häuser, Fahrzeuge, Fabriken und Kraftwerke verbrauchen riesige Mengen an Kohle, Öl und Gas und geben Kohlendioxid (CO_2) ab. Dieses geruchlose Gas schließt die Erdwärme in der Atmosphäre ein und beeinflusst damit die Temperatur des Planeten. Die CO_2-Konzentration in der Luft hat sich seit den 1950er-Jahren um 35 Prozent erhöht und die Temperaturen steigen – mit dramatischen Veränderungen der Lebensräume.

NATÜRLICHE URSACHEN
Große Vulkanausbrüche kühlen das Klima der Erde durch den Ausstoß von Schwefeldioxid, das das Sonnenlicht reflektiert, doch setzen sie auch Kohlendioxid frei.

Große Ausbrüche schleudern Staub und Gase in die Atmosphäre.

MENSCHLICHE URSACHEN
Die Verbrennung von Kohle in Kraftwerken ist die problematischste menschliche Aktivität, da sie Kohlendioxid erzeugt.

PFLANZEN UND KLIMAWANDEL

In warmen Gebieten helfen Bäume bei der Abkühlung, indem sie den Boden beschatten und Feuchtigkeit zurückhalten. Das Anpflanzen von Bäumen kann also die globale Erwärmung verlangsamen. Pflanzen binden auch Kohlenstoff, der aber nach dem Absterben und Verrotten wieder freigesetzt wird. In subpolaren Regionen wirken Bäume dagegen erwärmend, da die Wälder mehr Sonnenlicht absorbieren als der schneebedeckte Boden. Pflanzen und Meere können etwa die Hälfte des durch Menschen emittierten CO_2 aufnehmen, doch Dürren können den Effekt halbieren.

ANZEICHEN DES FRÜHLINGS
In England, wo die Blüte der ersten Hasenglöckchen seit Jahrzehnten dokumentiert wird, setzt sie nun etwa sechs Tage früher als in den 1950er-Jahren ein.

Anzeichen des Wandels

Viele Anzeichen deuten auf eine Klimaerwärmung hin. Die meisten Gletscher haben sich im letzten Jahrhundert zurückgezogen und der Arktische Ozean verliert in jedem Sommer mehr Eis. Wenn sich die Luft erwärmt, verdunstet mehr Wasser, sodass Böden austrocknen, während die Starkregen zunehmen. Der Meeresspiegel steigt, wenn die Gletscher schmelzen und sich das Meerwasser ausdehnt. Der Klimawandel bedroht die Lebensräume und bringt Arten zum Aussterben.

MEERESSPIEGEL
Der durchschnittliche Meeresspiegel ist im letzten Jahrhundert um fast 20 cm gestiegen. Er bedroht Korallenatolle und Flussdeltas.

ABSCHMELZEN
Eisbären und andere Tiere sind vom Meereis des Arktischen Ozeans abhängig. Seine Eisbedeckung im Spätsommer ist seit 1980 um 40 Prozent zurückgegangen.

Dokumentationen

Amateur-Naturforscher helfen Wissenschaftlern, Veränderungen bei Pflanzen, Tieren und Insekten infolge der Klimaerwärmung zu dokumentieren. Mithilfe von Programmen wie BudBurst und National Phenology Network in den USA, Nature's Calendar in Großbritannien und ähnlichen Projekten (siehe Kasten rechts) notieren Teilnehmer Veränderungen und posten sie im Internet. Diese Informationen werden immer wertvoller, wenn sich der Klimawandel weiter fortsetzt und die Datenmenge wächst.

NATURKALENDER

Die App Naturkalender ZAMG ist von der österreichischen Zentralanstalt für Meteorologie und Geodynamik (ZAMG) herausgegeben worden. Nutzer der App können (auch über die Grenzen Österreichs hinaus) beispielsweise die Blütezeiten verschiedener Pflanzen angeben. Durch diese Beobachtungen sind Rückschlüsse auf den Klimawandel möglich.

VERÄNDERUNGEN
Der einst in Großbritannien gefährdete C-Falter wird nun häufiger beobachtet. Er hat sein Verbreitungsgebiet bis nach Schottland ausgedehnt und profitiert heute von den für ihn günstigeren Wetterbedingungen.

STERNENHIMMEL
In einer klaren Nacht weit weg von den Lichtern der Stadt kann man etwa 500 Sterne mit bloßem Auge erkennen.

Mit dem Fernglas erkennt man noch mehr Sterne.

Nachtwache

Nichts lässt uns unseren Platz im Universum so sehr hinterfragen wie der Anblick der Sterne. In einer sternklaren Nacht kann man überraschend viele Himmelskörper beobachten.

Der Mond

Der Mond bietet einen wundervollen Anblick. Er ist unser nächster Nachbar und dreht sich synchron zu seiner Umlaufbahn um die Erde, sodass wir nur eine seiner Seiten sehen. Am besten kann man ihn beobachten, wenn das schwache Sonnenlicht seine Berge und Krater hervorhebt. Der Vollmond reflektiert das Licht sehr stark, sodass der Kontrast gering ist. Diese Phase ist daher die schlechteste für die Beobachtung. Der Mond überstrahlt dann auch die benachbarten Sterne.

MONDLICHT
Die Mondphasen entstehen durch die Sonne. Der Neumond ist dunkel, da die Sonne die von der Erde am weitesten entfernte Seite beleuchtet. Während sich der Mond um die Erde bewegt, sieht man mehr, bis der Vollmond erscheint.

Sterne beobachten

Sterne werden zu Sternbildern gruppiert, etwa zum Kreuz des Südens oder zum Orion. Die Sterne eines Sternbilds haben keine Verbindung zueinander – die Muster sind zufällig entstanden und von früheren Kulturen zur Navigation oder Orientierung genutzt worden. Das Erkennen der Sternbilder fördert aber auch das Verständnis des Nachthimmels. Es gibt Smartphone-Apps, mit denen man sie identifizieren kann. Ein Fernglas oder ein kleines Teleskop lässt euch mehr erkennen. So könnt ihr die Sternbilder und -gruppen unbeeinträchtigt genießen.

STERNENKARTE
Eine Karte hilft beim Erkennen der Sternbilder. Findet den Großen Wagen, der auf dieser Karte zu sehen ist.

MESSUNGEN

Die Größe der Objekte und die Entfernung zwischen ihnen wird in Grad und Teilen eines Grads beschrieben. Dabei kann man die Hand als Hilfsmittel verwenden. Haltet sie mit ausgestrecktem Arm in die Höhe und nutzt die abgebildeten Standards, um eure Berechnungen zu machen.

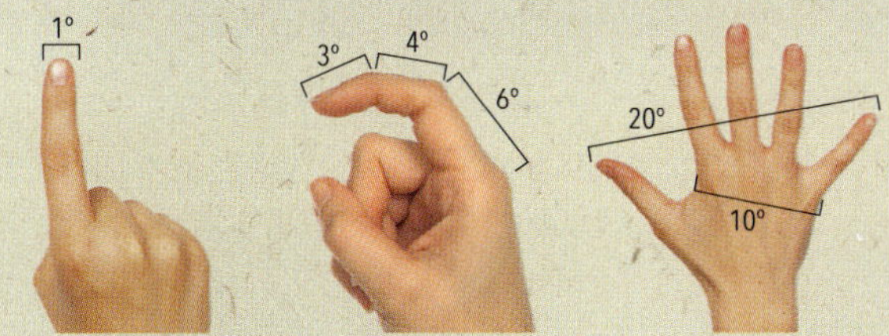

FINGERSPITZE Die Fingerbreite entspricht bei ausgestrecktem Arm etwa 1°.

FINGERGELENKE Die Gelenke entsprechen in etwa 3°, 4° und 6°.

HAND, HANDFLÄCHE Die Hand eines Erwachsenen entspricht 20°, die Handfläche 10°.

VORHERSAGEN

Sterne sind feststehende Objekte, doch Planeten und andere Himmelskörper sind beweglich. Astronomen können vorhersagen, wo sie sich befinden werden, und viele Quellen verraten, welche Planeten, Meteorschauer oder hellen Kometen man in einem bestimmten Monat sehen kann.

KOMET

METEORIT

Planeten

Ihr könnt Venus, Jupiter, Saturn, Mars und Merkur mit dem bloßen Auge oder dem Fernglas erkennen. Venus und Merkur sind morgens zu sehen. Die Venus ist meist der hellste Planet, und alle Planeten mit Ausnahme von Merkur sind heller als die Sterne. Im Vergleich leuchten Uranus und Neptun nur schwach. Ihr braucht ein Fernglas, euren Standort und eine Sternkarte, um sie zu finden. Anders als die weit entfernten, als blinkende Punkte erscheinenden Sterne sind Planeten viel näher an der Erde und blinken nicht.

MORGENSTERN Im Morgengrauen wirken Venus und Mond spektakulär. Die Venus ist heller als jeder Stern. Sie ist wegen ihrer Helligkeit schon für ein UFO gehalten worden.

DURCHS FERNGLAS Jupiter ist so groß, dass er mit dem Fernglas zu erkennen ist. Betrachtet ihn regelmäßig, sodass ihr die Bewegung seiner hellsten Monde seht.

Teleskope benutzen

Ein gutes Teleskop muss kein Vermögen kosten. Wählt ein Modell mit einem großen Objektiv oder Spiegel – eine hohe Vergrößerung ist weniger wichtig –, das ein Maximum an Licht sammelt und die Beobachtung schwacher Sterne, Sternhaufen, Nebel und Galaxien ermöglicht. Ein GoTo-System richtet sich automatisch auf das gewählte Ziel aus und ist oft erschwinglich. Wägt Kosten und Nutzen ab und lasst euch beraten.

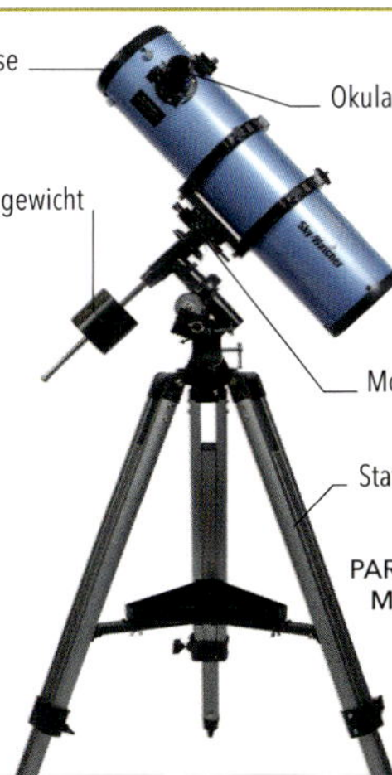

PARALLAKTISCHE MONTIERUNG

AZIMUTALE MONTIERUNG

STERNFOLGER Stative helfen bei der Verfolgung der Sterne. Eine parallaktische Montierung muss sorgfältig ausgerichtet werden, während eine azimutale Montierung (wie die abgebildete Dobson-Montierung) von Seite zu Seite und auf und ab beweglich ist.

Ausrüstung für Naturforscher

Heute ist es nicht mehr nur den Spezialisten vorbehalten, sich einen »Werkzeugkoffer« zusammenzustellen, der alles enthält, was man für die Erkundung der Natur braucht. Ob Jung oder Alt – gut vorbereitet zu sein gehört zu unserem Leben und es gibt viele neue Hilfsmittel für den Naturforscher. Neben Nachtsichtferngläsern und Fledermausdetektoren werden auch verschiedene Apps für Mobiltelefone, Kameras, die das Leben von Nestlingen zeigen, und Lockmittel für Nachtfalter angeboten. Doch der wichtigste Teil der Ausrüstung kann nicht gekauft werden: Es ist die lebenslange Neugier!

Wichtiges Zubehör

Neugier, Begeisterung und Verständnis sind die wichtigsten Eigenschaften eines Naturforschers. Ein Feldführer und ein Notizbuch gehören jedoch auch zu jeder Ausrüstung.

Beobachten und Notieren

Zum Naturforscher gehört eine gute Beobachtungsgabe und die Beobachtungen müssen aufgezeichnet werden. Nur dann lassen sich Muster und Trends erkennen, die ihr für weitere Beobachtungen nutzen könnt. Einige Feldführer (in gedruckter oder digitaler Form) zur Identifizierung der Arten sowie ein Notizbuch und ein Stift, um alles festzuhalten, sind alles, was ihr für den Anfang braucht. Aber vergesst nicht all die zeitsparenden Hilfsmittel, die die moderne Technik bietet.

DIGITALE NOTIZEN
Moderne Mobiltelefone bieten zahlreiche Möglichkeiten Notizen zu machen. Ihr könnt Schnappschüsse machen oder Beobachtungen als Text oder Sprachaufnahme speichern. Die Digitalkamera des Smartphones kann Bilder in hoher Auflösung festhalten und den Bilddateien Informationen wie Datum und Standort hinzufügen.

FELDFÜHRER
Nehmt einen Feldführer mit oder macht genaue Notizen, um Arten später bestimmen zu können.

NOTIZBUCH UND STIFTE

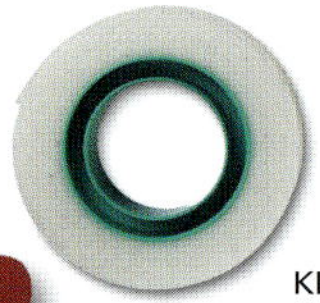

KLEBEBAND

NOTIZBUCH
Ein Notizbuch ist eine einfache und kostengünstige Möglichkeit Beobachtungen festzuhalten. Skizziert Eindrücke und beschreibt die Arten im Detail. Mit Klebeband könnt ihr Federn und Blätter auf den Seiten befestigen.

GENAUE NOTIZEN
Wenn ihr Notizen macht, versucht so genau wie möglich zu sein, um spätere Vergleiche zu erleichtern. Vergesst nicht, den Ort und das Datum zu notieren. Nehmt ein Lineal oder Maßband mit, um Details wie die Größe genau festzuhalten.

BANDMASS

LINEAL

FÜR SPEZIALISTEN

Manche Tiere, etwa Fledermäuse, sind schwer zu beobachten. Das Ultraschallmikrofon eines Fledermausdetektors wandelt ihre Ultraschallrufe jedoch in für den Menschen hörbare Frequenzen um. Die Tiere können dann anhand des Rhythmus und der Frequenz der Rufe identifiziert werden. Auch viele Nachtfalter sind nachts kaum zu sehen, werden aber von Lichtfallen angezogen, an denen sie aus der Nähe beobachtet werden können. Vögel lassen sich oft nicht aus der Nähe betrachten und manchmal sind selbst normale Ferngläser nicht stark genug. Spektive mit 70-facher Vergrößerung oder mehr können dieses Problem lösen.

DETEKTOR
Ein Fledermausdetektor wandelt die Ultraschallrufe der Tiere in hörbare Frequenzen um.

FÜRS SMARTPHONE
Ein Ultraschallmikrofon kann an ein Smartphone angeschlossen werden, um Fledermäuse aufzunehmen und zu identifizieren.

SPEKTIV
Ein Stativ verhindert das Verwackeln. Die abgewinkelte Form erleichtert den Einblick.

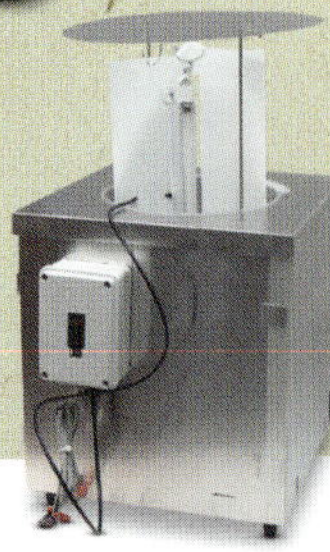

LICHTFALLE
Zählt die Nachtfalter im Garten mit einer batteriebetriebenen Lichtfalle.

EIN FERNGLAS BENUTZEN

Mit Ferngläsern könnt ihr Wildtiere beobachten, ohne sie zu stören. Um einen Unterschied zwischen den Augen auszugleichen, deckt die Seite mit der Dioptrienkorrektur ab. Verwendet die zentrale Schärfeeinstellung, um ein Objekt scharfzustellen. Deckt nun die andere Seite ab. Verwendet die Dioptrienkorrektur, um das Objekt für das andere Auge scharfzustellen. Schaut nun mit beiden Augen durch das Fernglas. Verwendet jetzt nur die zentrale Schärfeeinstellung, um zu fokussieren.

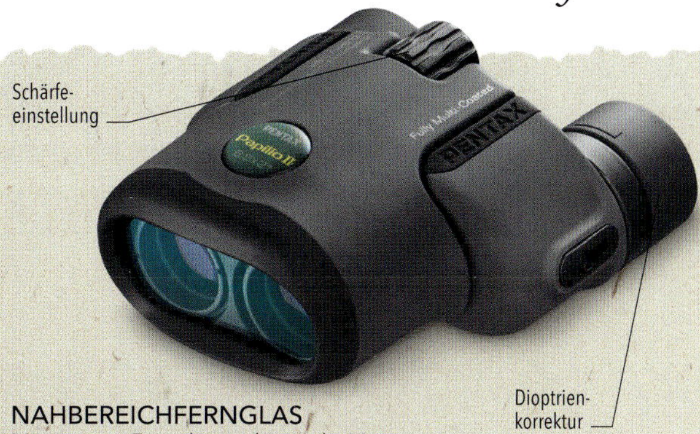

RUHIG HALTEN
Beide Daumen und die Finger sorgen für eine ruhige Haltung.

NAHBEREICHFERNGLAS
Mit einigen Ferngläsern könnt ihr Motive in der Nähe betrachten. Sie sind ideal für Schmetterlinge und Libellen.

BLOSSES AUGE

8-FACH VERGRÖSSERT

20-FACH VERGRÖSSERT

VERGRÖSSERUNG
Ein Fernglas mit 7- oder maximal 14-facher Vergrößerung zeigt mehr als ein wackliger Blick durch ein Fernglas mit doppelt so hoher Vergrößerung.

Aus der Nähe betrachtet

Um mehr über bestimmte Arten zu erfahren, solltet ihr genauer hinschauen. Bei einigen Gruppen ist eine Lupe für die genaue Identifizierung nötig. Versucht die Bestimmung vor Ort durchzuführen und sammelt niemals wilde Pflanzen oder Tiere. Wenn ihr ein Insekt zur Untersuchung fangt, behandelt es mit Sorgfalt und lasst es wieder frei.

LEICHT ZU BEOBACHTEN
Durchsichtige Plexiglasboxen eignen sich am besten zur Beobachtung von kleinen Tieren. Ihr könnt das Tier nun von allen Seiten ansehen. Einige Behälter haben eine eingebaute Lupe, die das Betrachten erleichtert.

BEOBACHTUNGSBEHÄLTER

EINZELHEITEN
Verwendet eine Lupe, um die Haare eines Pflanzenstängels, die Form der Mandibeln eines Käfers oder die Flügelstruktur einer Libelle zur erkennen. Eine Pinzette ist nützlich, um kleine Pflanzen festzuhalten. Lebende Tiere sollten nur in Kästen betrachtet werden.

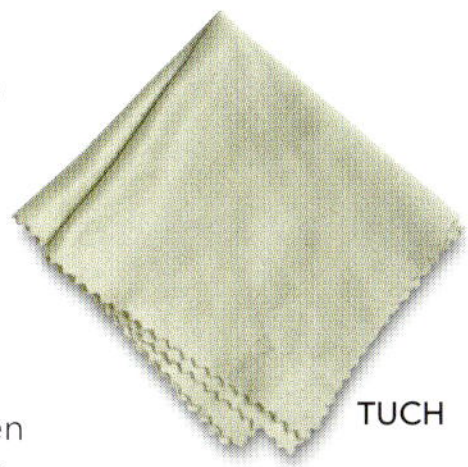

TUCH

PROBEN NEHMEN
Reißt nie eine Wildpflanze aus – lasst sie im Zweifelsfall in Ruhe. Schneidet mit einem Messer ein Blatt zur Bestimmung ab.

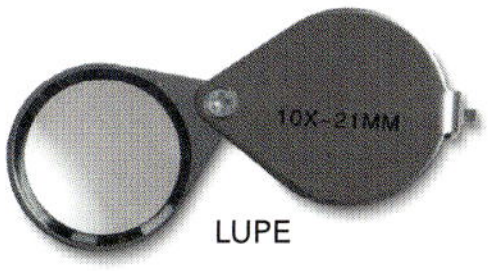

LUPE

PINZETTE

VERGRÖSSERUNGSGLAS

INSEKTEN FANGEN
Um Insekten zu fangen, braucht ihr die richtige Ausrüstung, etwa ein Netz oder ein Fanggerät. Achtet darauf, das Tier nicht zu verletzen, und lasst es anschließend immer wieder frei.

NETZ

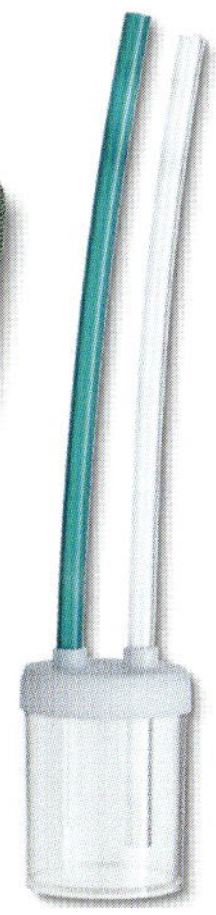

FANGGERÄT

SCHMETTERLINGSNETZ

Gut vorbereitet

Das Wetter ist kein Grund dafür, zu Hause zu bleiben. Mit der richtigen Bekleidung fühlt ihr euch bei den meisten Wetterbedingungen wohl.

Für alle Fälle

Mit der Kenntnis der Jahreszeit, der Wettervorhersage und einer guten Karte seid ihr auf die meisten Vorhaben im Freien vorbereitet. Denkt daran, dass ihr alles möglicherweise den ganzen Tag lang mit euch herumtragen müsst. Wählt bequeme, leichte Kleidung, die eine maximale Bewegungsfreiheit bietet. Die Kleidung muss nicht unbedingt teuer sein – ihr Ziel ist es, zu vermeiden, dass es euch zu kalt oder zu warm wird, dass ihr nass werdet oder einen Sonnenbrand bekommt.

KAPPE

POLARISIERENDE SONNENBRILLE

KOPFBEDECKUNG
Denkt daran den Kopf zu schützen. Eine warme Mütze ist an kalten Tagen nötig, während eine Kappe und eine Sonnenbrille vor der Sonne schützen.

MÜTZE

KOPFLAMPE

Wasserdichte Reißverschlüsse halten den Inhalt trocken.

Außentaschen für schnellen Zugriff

Die Jacke ist leicht zu tragen und atmungsaktiv, hält aber trocken.

Unterkleidung zur Aufnahme von Schweiß

Fleecejacke für Wärme und Bequemlichkeit

ZWIEBELLOOK
Tragt ihr mehrere Schichten, könnt ihr problemlos Kleidung hinzufügen oder entfernen. Das ist auch die beste Art, sich warm zu halten – die eingeschlossene Luft ist ein guter Isolator.

Fingerfreie Handschuhe halten warm und erlauben das Schreiben.

FINGERFREIE

Der Hüftgurt entlastet die Schultern.

RUCKSACK

Die besten Rucksäcke sitzen relativ hoch, haben viele Reißverschlusstaschen und sind wasserdicht. Wie jede Outdoor-Ausrüstung solltet ihr sie anprobieren. Eine Gürteltasche ist ideal für kurze Wanderungen.

GÜRTELTASCHE

HOSEN

Die Hose muss robust genug sein, um vor Kratzern zu schützen, aber auch leicht genug, um bequem zu sein. Hosen mit abzippbaren Beinen sind ideal für wechselhaftes Wetter.

Abzippbare Beine für warmes Wetter

IM WASSER

Ein Badeanzug, eine Maske und ein Schnorchel reichen aus, um bei warmem Wetter die Unterwasserwelt zu erkunden. Ein Neoprenanzug ist für kühlere Gewässer oder für einen längeren Aufenthalt im Wasser sinnvoll.

BADEANZUG

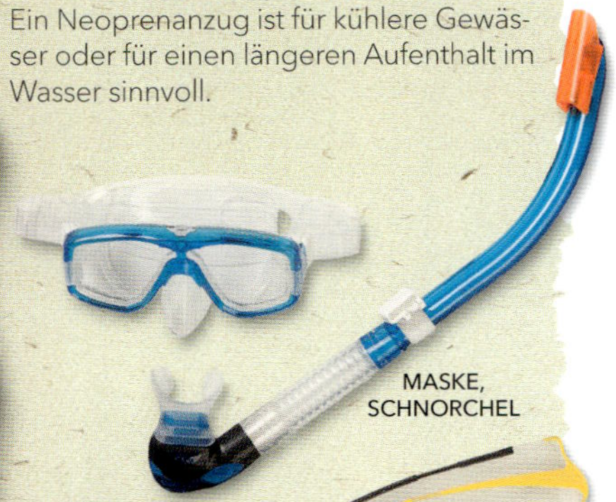

MASKE, SCHNORCHEL

FLOSSEN

SANDALEN

WANDERSCHUHE

GUMMI-
STIEFEL

SCHUHWERK

Wählt das Schuhwerk entsprechend dem Gelände. Sandalen können auf ebenem Boden getragen werden, Wanderschuhe auf unwegsamem Gelände. Gummistiefel sind für nassen Untergrund geeignet.

Vorbereitung und Sicherheit

Wenn ihr Ausflüge in die weitere Umgebung plant, solltet ihr immer die dafür geeignete Ausrüstung zur Hand haben.

Den Weg finden

Die Erkundung eines neuen Gebiets erfordert eine gute Vorbereitung. Besorgt euch eine Karte oder einen Wanderführer. Einfache Karten sind oft online erhältlich. Plant die Route im Voraus und haltet eine Karte bereit, auch wenn ihr Wanderwegen folgt. Ihr wollt ja vor Einbruch der Dunkelheit zurück sein!

EINEN KOMPASS BENUTZEN

Ein Kompass ist nützlich, wenn ihr eine Karte benutzt, aber unerlässlich, wenn ihr querfeldein wandert. Er zeigt euch an, wo der magnetische Norden ist. Verwendet ihn, um sicherzustellen, dass die Karte richtig ausgerichtet ist, und um den Weg zu überprüfen, während ihr die geplante Strecke verfolgt.

NACH NORDEN
Kompass und Karte sollten beide nach Norden ausgerichtet werden.

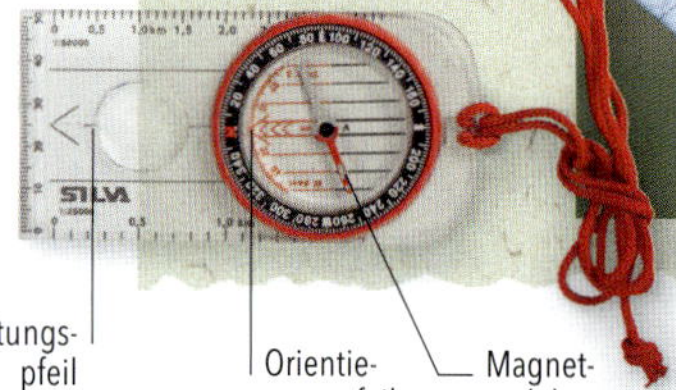

KARTEN
Es gibt die verschiedensten Karten. Wählt eine in großem Maßstab mit Höhenlinien, um möglichst viel über die verschiedenen Landschaftseigenschaften zu erfahren.

TASCHENLAMPE
Ohne andere Lichtquellen wird es schnell dunkel. Haltet immer eine funktionsfähige Taschenlampe bereit.

UHR
Behaltet die Zeit im Auge, damit ihr wisst, wann ihr den Rückweg antreten müsst.

GPS-SIGNAL
Smartphones empfangen GPS-Signale und können eure Position auf einer Karte zeigen.

BETRETEN VERBOTEN?

Zugangsrechte beziehen sich auf das Recht der Allgemeinheit, öffentliches und privates Land zu Erholungszwecken zu nutzen. Sie können sich von Bundesland zu Bundesland unterscheiden. Informiert euch vorher, was ihr dürft und was nicht. Zugangsrechte können beschränkt sein, sodass der Zugang zu einem Gelände nur über einen bestimmten Weg oder Pfad erlaubt ist.

RECHTE UND PFLICHTEN
Denkt daran, Tore zu schließen, keinen Müll zu hinterlassen, Pflanzen nicht zu beschädigen und die Hinterlassenschaften eures Hunds zu beseitigen.

Richtiges Verhalten

1. *Plant vorher und folgt den Bezeichnungen der Wege.*
2. *Lasst Tore und Gelände so zurück, wie sie waren.*
3. *Schützt Pflanzen und Tiere und nehmt euren Müll mit nach Hause.*
4. *Führt Hunde an der Leine.*
5. *Nehmt Rücksicht auf andere Menschen.*

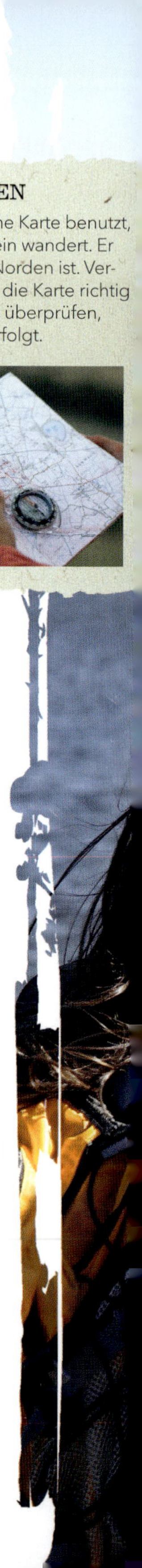

NAVIGATION IM FREIEN
Es dauert eine gewisse Zeit, den Umgang mit Kompass und Karte zu lernen, doch es ist die Mühe wert.

Sicher unterwegs sein

Achtet auf die regionalen Wettervorhersagen und seid vorbereitet – gute Bedingungen können schnell schlecht werden, besonders in freiem Gelände und in den Bergen. Seid am Meer vorsichtig, vor allem an Stränden und in Salzwiesen mit großem Tidenhub – wenn die Flut kommt, können sie überschwemmt werden. Verwendet eine Gezeitentabelle (siehe S. 180) und achtet auf starken Wind. Tieren solltet ihr aus dem Weg gehen. Trefft Vorsichtsmaßnahmen an unbekannten Orten, wenn ihr allein unterwegs seid oder wenn es dunkel wird. Und sagt immer anderen, wohin ihr geht und wann ihr voraussichtlich zurückkommt.

BISSE UND STICHE
Spinnen und Insekten sind selten ein Problem, doch informiert euch über gefährliche Arten.

GIFTIGE PFLANZEN UND PILZE
Eine goldene Regel: Esst nichts, von dem ihr nicht genau wisst, dass es essbar ist!

WETTERWARNUNG
Wagt euch nicht ins Gelände, wenn das Wetter schlecht wird. Kleidet euch immer angemessen!

FÜR DEN NOTFALL

Ein Mobiltelefon ist für die Sicherheit wichtig, aber nicht überall hat es Empfang. Denkt daran, Notfallnummern einzuspeichern. Nehmt eine Trillerpfeife mit – sie kann Rettungskräften helfen, euch zu finden. Packt Wasser, energiereiche Snacks und Erste-Hilfe-Material ein, vor allem, wenn ihr eine Wanderung in unbekannte Gegenden plant.

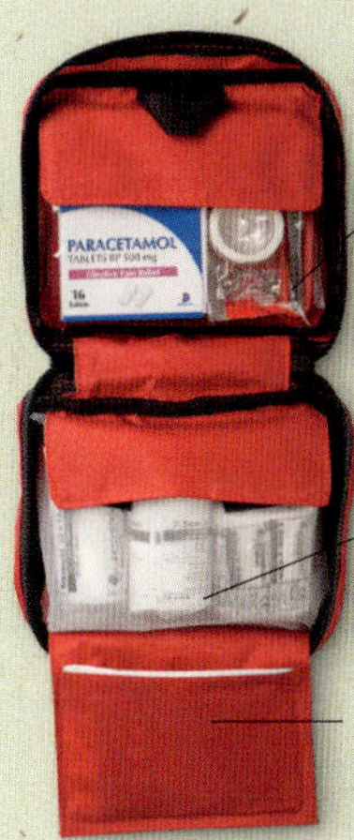

ERSTE-HILFE-AUSRÜSTUNG

TRILLERPFEIFE

Fotografie

Fotografieren ist eine großartige Möglichkeit die Natur zu dokumentieren. Mit der richtigen Ausrüstung könnt ihr erstaunliche Aufnahmen machen.

Wahl der Kamera

Es ist die unvorhersehbare Natur der Wildtierfotografie, die es immer wieder ermöglicht tolle Bilder zu machen. Eine teure Ausrüstung ist schön und gut, aber es ist entscheidend, sich zur richtigen Zeit am richtigen Ort zu befinden und dabei aufmerksam, geduldig und respektvoll zu sein. Unabhängig davon, was ihr tun möchtet, solltet ihr mit eurer Kamera vertraut sein und sie stets bei euch tragen.

Geht nah heran, ohne das Tier dabei zu stören.

BRIDGEKAMERA
Die relativ kleine und leichte Bridgekamera ermöglicht den Wechsel vom Weitwinkel- zum Telemodus mit einer Brennweitenwahl, ohne dass ein Objektivwechsel erforderlich ist.

DIGITALE SPIEGELREFLEXKAMERA
Digitale Spiegelreflexkameras verfügen über eine Reihe von Funktionen, die manuell eingestellt werden können, und bieten außerdem eine größere Flexibilität durch austauschbare Objektive.

VORSATZLINSEN
Eine Smartphone-Makrolinse zum Anstecken ermöglicht es, nah an das Motiv heranzugehen und feine Details zu erfassen. Sie ist ideal für Insekten und Blüten.

VORSATZLINSE

AM SMARTPHONE BEFESTIGTE LINSE

NÜTZLICHES ZUBEHÖR

Ein stabiles Stativ ist nützlich, wenn nichts verwackelt werden darf, sei es bei Nahaufnahmen kleiner Objekte oder bei der Verwendung eines starken Teleobjektivs. Die Ausrüstung sollte auch ein Objektivreinigungstuch, Pinsel, Ersatzbatterien und SD-Karten umfassen.

KAMERATASCHE
Die Ausrüstung muss unterwegs geschützt werden. Taschen sind robust, wasserdicht und bieten ein gutes Verhältnis von Gewicht und Komfort.

ZOOMOBJEKTIV

WEITWINKELOBJEKTIV

WECHSELOBJEKTIVE
Zoomobjektive eignen sich auch für Nahaufnahmen, Weitwinkelobjektive ermöglichen Landschaftsaufnahmen.

Mit einer wasserdichten Kamera kann man Fische fotografieren.

Wildtiere fotografieren

Tiere in freier Wildbahn sind unberechenbar – ihr müsst darauf achten, euch potenziell gefährlichen Exemplaren nicht zu nähern. Wenn ihr die Techniken professioneller Tierfotografen studiert, könnt ihr viel daraus lernen. Bei der Digiskopie wird zum Beispiel eine Kamera über einen Adapter an einem Spektiv befestigt. Sie ermöglicht es euch, Aufnahmen aus weiter Entfernung zu machen, ohne die Tiere oder ihre Umgebung zu stören.

FOTOVERSTECK

Eine Fotohütte ist ein Unterschlupf, der euch nah an das Motiv heranbringt. Auch ein Auto kann genutzt werden. Ein Versteck, das mehrere Tage lang aufgebaut bleibt, damit sich die Tiere daran gewöhnen, ist oft besser geeignet. Zelte können entsprechend angepasst werden.

Licht und Belichtungszeit

Um Wildtiere zu fotografieren und eine gute Tiefenschärfe zu erzielen, braucht ihr viel Licht für kurze Belichtungszeiten. Vermeidet aber Gegenlicht. Denkt an die Stimmungen, die das Licht erzeugen kann. Geht zu verschiedenen Zeiten hinaus und beobachtet das Spiel von Licht und Schatten. Versucht Aufnahmen bei tiefstehender Sonne oder bei Nebel oder Schnee zu machen. Und vergesst nicht den Blitz – er ist für Bilder bei schlechten Lichtverhältnissen unerlässlich.

1 Ein Fasan in Bewegung. Helles Licht ermöglicht eine kurze Verschlusszeit. Eine lange Verschlusszeit würde mehr Unschärfe erzeugen.

2 Herbstliches Sonnenlicht hat die Farben des Fasans verstärkt. Schwaches Licht lässt die Farben verblassen, kann aber auch stimmungsvoll sein.

3 Die Eule wurde bei Nacht mit Blitzlicht aufgenommen, wahrscheinlich mit einem Bewegungsmelder.

4 Ein Motiv wird betont, wenn man es mit geringer Schärfentiefe (weit offene Blende) vom Hintergrund isoliert.

1

3

2

4

Dokumentation

Mit der Dokumentation der Beobachtungen haltet ihr nicht nur das Gesehene fest – ihr könnt auch einen Beitrag zu den Erkenntnissen der Naturforscher leisten.

Notizen im Feld

Ob digital oder handschriftlich – Notizen sind ein wichtiger Bestandteil der Naturbeobachtung. Sie helfen euch, eure Aufmerksamkeit auf die Details dessen zu lenken, was ihr seht – anstelle eines braunen Vogels erkennt ihr einen kleinen braun-cremefarbenen Vogel mit dunkelbrauner Zeichnung. Fotos oder Skizzen liefern ein umfassenderes Bild. Nutzt eure Notizen, um später die Namen neuer Arten zu lernen. Ein Protokoll der Beobachtungen ermöglicht es, Entdeckungen mit Naturphänomenen zu verknüpfen.

SMARTPHONE-APPS
Apps sind großartige Hilfsmittel. Es gibt Apps, mit denen ihr Vögel anhand von Bildern und ihrem Gesang identifizieren könnt. Es gibt auch Apps, die Fledermäuse anhand ihrer Rufe und Pflanzen anhand von Fotos erkennen können.

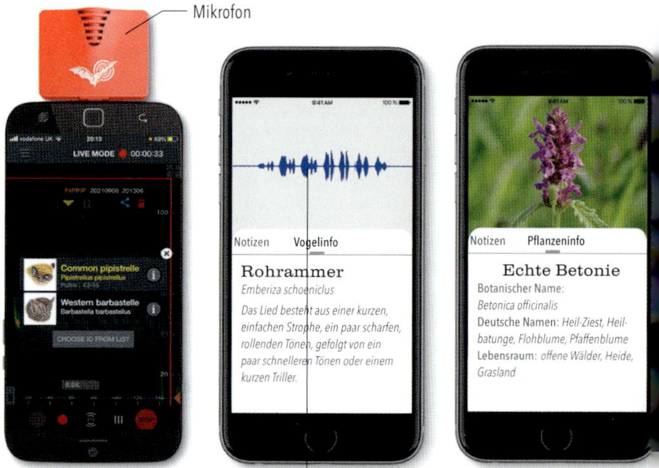

SKIZZEN

Wenn man etwas nur oberflächlich betrachtet, vergisst man bald die Einzelheiten. Skizziert man es jedoch, wird es einem jahrelang im Gedächtnis bleiben. Ihr müsst keine Künstler sein, um die Grundform eines Tiers zu skizzieren. Zeichnet zuerst die Form auf und fügt dann Details wie Schwanzform und Zeichnung hinzu.

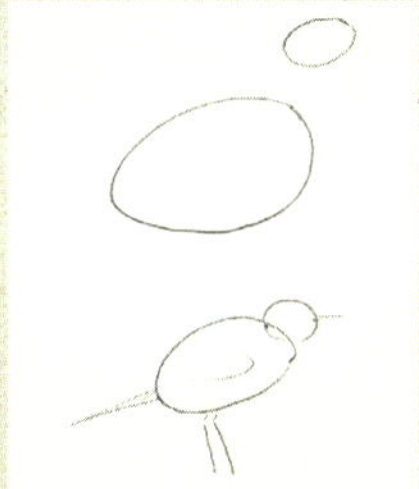

1 Verwendet Grundformen, um eine Vogelform zu erstellen. Fügt Schnabel, Schwanz und Beine hinzu.

2 Füllt die Form aus und überarbeitet die Proportionen des Vogels. Aufrecht, waagerecht, schlank, lang- oder kurzbeinig?

3 Fügt wichtige Details hinzu: Formen, Proportionen (reichen die Flügel bis zur Hälfte des Schwanzes oder sind sie kürzer?) und Federmuster.

4 Schaut euch den Kopf genau an und notiert die Farben und das Muster des Gefieders sowie die Form und die relative Länge des Schnabels.

5 Macht Skizzen aus verschiedenen Blickwinkeln, wenn möglich. Habt ihr alles beschriftet? Wenn nicht, schaut noch einmal nach. Das Anfertigen von Notizen an einer Skizze zwingt dazu, auf bestimmte Merkmale zu achten.

Datensammlung

Notiert, was ihr gesammelt habt.

Es ist eine gute Idee, die im Feld gesammelten Daten in eine übersichtliche Form zu übertragen, um später leichter darauf zugreifen zu können. Verwendet Feldführer und Apps, um Arten zu identifizieren. Vergesst nicht Fotos und Skizzen hinzuzufügen oder einzuscannen. Regelmäßige, detaillierte Aufzeichnungen können dazu beitragen, eine Reihe wertvoller Daten zu sammeln – nicht nur für euch, sondern auch für die Gemeinschaft der Naturforscher. Eine einzelne Zählung von Vögeln an einem See ist interessant, aber eine Reihe von wöchentlichen Zählungen über einen Monat oder ein Jahr hinweg kann einen echten wissenschaftlichen Wert haben. Sucht nach Stellen, bei denen ihr eure Ergebnisse einreichen könnt. Mit einer Handy-App könnt ihr sie in eine Online-Datenbank wie eBird oder iNaturalist eingeben. Auf diese Weise tragt ihr zum Wissen über die Entwicklung der Arten bei.

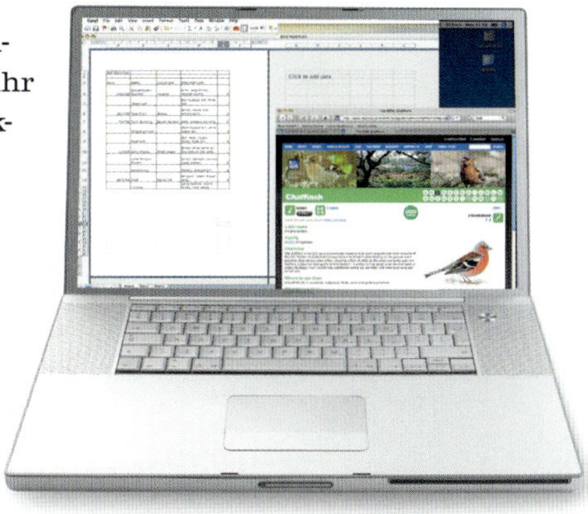

ORGANISIERTES SYSTEM
Wenn ihr Aufzeichnungen auf ein Mobiltelefon oder einen Computer ladet, könnt ihr sie später leicht abrufen. Nutzt Online-Apps, um die Aufzeichnungen mit einer Gemeinschaft zu teilen.

VÖGEL BEOBACHTEN
Eure Daten können Teil einer Vogelzählung sein. Die Programme auf der ganzen Welt, etwa www.ebird.org in den USA, führen die Daten der Teilnehmer zusammen.

Unsere Umgebung

In tropischen Regenwäldern und antarktischen Meeren leben spektakuläre Arten, doch die meisten Wildtiere treffen wir in unserer Umgebung. Diese Begegnungen sind lohnender als die Vorstellungen exotischer Kreaturen, die durch das Fernsehen angeheizt werden. Das Beobachten und Erkennen von Arten, die mit uns zusammenleben, das Nachvollziehen ihres Lebens und vielleicht sogar das Berühren, Fühlen und Riechen sind die wesentlichen Quellen für eine echte Verbundenheit mit der Natur. Und trotz unserer schlechten Einflüsse haben es viele Tiere und Pflanzen geschafft, sich an die menschliche Umwelt anzupassen, sodass die Begegnung mit ihnen nicht selten sein muss.

Unsere Häuser

Wir alle haben Besucher in unseren Häusern. Wespen, Vögel und Fledermäuse leben vielleicht auf dem Dachboden, während Käfer und Termiten sich im Holz einnisten. Schaut ihr in Ritzen, findet ihr vielleicht Mäuse oder Kakerlaken. Seht euch um, aber betrachtet nichts als »Schädling«. Die Tiere existieren nicht, um uns zu ärgern, sondern sind ein Teil der Natur.

GEMEINE WESPE

MITTELMEER-HUFEISENNASE

Lokale Lebensräume

Man muss nicht weit gehen, um die Natur zu erkunden. Um uns herum wimmelt es nur so von Wildtieren – wenn man weiß, wo man sie finden kann. Viele Tiere und Pflanzen kommen im Lebensraum des Menschen vor.

Gärten

Gärten eignen sich gut zur Beobachtung von Wildtieren, vor allem, wenn sie naturnah sind. Selbst ein Blumenkasten oder eine Terrasse können mit Pflanzen bestückt werden, die Insekten und die Tiere, die sich von ihnen ernähren, anlocken. In größeren Gärten bieten Teiche, Komposthaufen und Holzstapel Möglichkeiten für Tiere und Pflanzen sich zu entfalten. Vogeltränken, Futterstellen und Nistkästen ziehen ebenfalls Wildtiere an.

TÜRKENTAUBE

GÄNSE-BLÜMCHEN

WEINBERG-SCHNECKE

Stadtpark

Städtische Parks sind grüne Oasen für Menschen und Tiere. Parks haben oft einen alten Baumbestand und manchmal einen Teich und einen Bereich für Wildtiere. Haltet Ausschau nach Singvögeln, Wasservögeln, Fledermäusen und anderen kleinen Säugetieren wie Eichhörnchen und Igeln.

EDEL-KASTANIE

EICHHÖRNCHEN

Straßen

Man könnte meinen, dass es im Betondschungel wenig Platz für Wildtiere gibt. Doch man kann Wildblumen entdecken, die durch Risse im Pflaster wachsen, und Insekten, die sich in den Mörtel einer Mauer eingraben. Vielleicht entdeckt ihr auch eine Ratte oder einen Fuchs. Vergesst nicht, nach Vögeln zu schauen, die auf Gebäuden und Laternen sitzen.

WANDER-RATTE

ZINNIE

Bahndamm

Wenn ihr das nächste Mal mit dem Zug fahrt, haltet Ausschau nach Wildtieren. Einige Pflanzen, darunter die Greiskräuter, gedeihen auf den kiesigen Böden entlang der Gleise und vielleicht seht ihr auch Rehe. Stillgelegte Bahnstrecken werden oft in Radwege umgewandelt, während nicht genutzte Tunnel als Überwinterungsquartier für Fledermäuse dienen können.

GREISKRAUT

Im Haus

Unsere Häuser bieten verschiedenen Tieren eine Heimat. Wir teilen unseren Lebensraum mit einer Reihe erfolgreicher Opportunisten.

FLÜSSIGE NAHRUNG
Stubenfliegen können Bakterien mit ihren Füßen und Mundwerkzeugen auf Speisen übertragen. Sie saugen flüssige Nahrung auf.

Gäste im Haus

Die erfolgreichsten Arten sind diejenigen, die sich schnell an Veränderungen anpassen können. Wenn der Mensch die Landschaft prägt, muss die Tierwelt darauf reagieren. Einige Tiere haben ihre Nische in unseren Häusern gefunden, da diese zwei Grundbedürfnisse erfüllen: Schutz und Nahrung. Ein Dachboden ist der perfekte Ort für ein Wespennest, während Lebensmittelabfälle ein Festmahl für eine Hausmaus sind. Jede Art hat ihren Platz und viele, wie die Spinnen, sind da, weil sie die Zahl der anderen Hausgäste, wie etwa der Fliegen, in Grenzen halten.

GECKOS
Geckos sind gute Hausgäste. Sie halten zum Beispiel Mücken in Schach.

BADEZIMMER
Einige Spinnen können beißen, aber sie ernähren sich im Haus von Insekten, also tut ihnen nichts.

LUFTIGE BEHAUSUNG
Fledermäuse nisten oft auf Dachböden. Sie richten keine strukturellen Schäden an und auch ihr trockener Kot ist selten ein Ärgernis.

EIN JUCKENDER GAST

Flöhe brauchen Blut, um sich zu vermehren. Wenn ihr Haustiere habt und Bisse an Beinen und Knöcheln bemerkt, habt ihr möglicherweise Flöhe im Haus. Ihre Eier legen Flöhe oft in Bettwäsche oder Teppichen ab, wo die Larven sich verpuppen. Erwachsene Flöhe befallen dann einen vorbeigehenden Wirt.

Flöhe können im Sprung das 350-Fache ihrer Körperlänge überwinden.

KATZENFLOH

Anzeichen von Leben

Manche Besucher bleiben unbemerkt, bis man verräterische Anzeichen findet. In den USA, Afrika oder Australien gibt es Termiten und wenn ihr welche bemerkt, können sie bereits im Haus am Werk gewesen sein. Andere Besucher fallen durch Kot oder Nester auf. Vielleicht hört ihr ein Kratzen oder Klappern in einer Decke oder Wand oder bemerkt einen charakteristischen Geruch.

LÖCHER IM HOLZ
Kleine Löcher in den Möbeln können auf »Holzwürmer« hinweisen – der gebräuchliche Name für Käferlarven, die sich in das Holz bohren.

SICH LÖSENDE FARBE
Sich lösende Farbe kann auf Termiten hinweisen. Sie können Schäden verursachen, wenn sie sich durch Holz fressen.

KOTKÜGELCHEN
Kleine, schwarze Kügelchen sind oft ein Anzeichen dafür, dass Mäuse in der Wohnung leben.

LÖCHER IN WÄSCHE
Wenn ihr kleine, hellbraune Motten in der Wohnung seht, überprüft die Kleidung und Teppiche. Erwachsene Motten fressen nicht, aber ihre Larven ernähren sich von Wolle.

Ein Heim im Heim

Ein Nest ist ein Anzeichen dafür, dass sich Tiere im Haus niedergelassen haben. Wespennester befinden sich häufig auf Dachböden. Keller, Garagen und Dachräume können Nester von Mäusen beherbergen, während Nester rund um euer Haus darauf hindeuten können, dass hier Vögel brüten. Schwalben bauen ihre Nester im Freien unter Dachüberständen, sodass ihr sie bei der Arbeit und bei der Fütterung der Jungen beobachten könnt. Stört die Wespen niemals bei der Brutpflege, es sei denn, es ist unvermeidlich.

KÖNIGIN
Eine Wespenkönigin an ihrem Nest

Wespennest

1 Soziale Wespen leben in Nestern. Die Königin baut das ursprüngliche Nest und legt ein einzelnes Ei in jede Brutzelle. Das Nest setzt sich aus mehreren papierartigen Schichten zusammen, die aus zerkauten Holzfasern bestehen.

2 Die Königin füttert ihre Larven mit gefangenen Raupen, bis sie sich zu Arbeiterinnen umwandeln. Diese helfen der Königin das Nest zu vergrößern, sodass sie mehr Zeit für die Eiproduktion hat.

3 Das Nest hat ein kleines Eingangsloch, das leicht zu verteidigen ist und es auch ermöglicht, die Innentemperatur und Feuchtigkeit zu regulieren. Die Arbeiterinnen erweitern das Nest weiterhin, um die wachsende Kolonie zu beherbergen.

HAUSMÄUSE
Mäuse bauen Nester aus Materialien, die sie in und um Häuser herum finden, wie trockenes Gras und weiche Stofffasern.

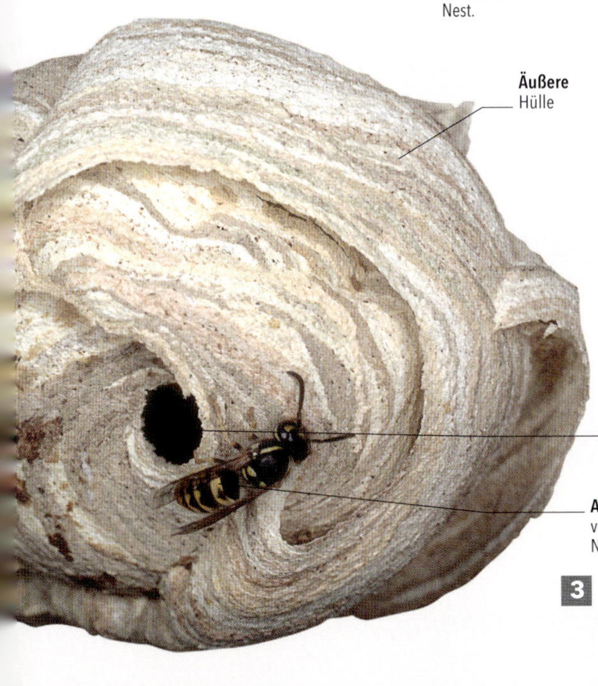

Schwalben füttern ihre Jungen mit Insekten, die sie im Flug fangen.

HUNGRIGE SCHNÄBEL
Vielleicht seht ihr Schwalben, die ihre Nester unter dem Dachvorsprung von Häusern oder Nebengebäuden bauen.

Spinnen

HAUS-
WINKEL-
SPINNE

Spinnen sind in Haus und Garten weit verbreitet. Man findet vor allem ihre seidenen Netze.

Weltweit sind etwa 45 000 Spinnenarten bekannt. Sie bauen ihre Netze aus Seidenfäden, die durch Drüsen am hinteren Ende ihres Opisthosoma (Hinterleib) erzeugt werden. Manche Spinnen reparieren ihr Netz immer wieder, während andere es am Abend auffressen und am nächsten Tag ein neues bauen. Die Netze von Gartenkreuzspinnen sind im Morgentau ein spektakulärer Anblick. Sucht vorsichtig im Gebüsch, aber berührt keinen Teil des Netzes, sonst versteckt sich die Spinne. Hauswinkelspinnen bauen keine so schönen Netze – sucht nach unordentlich wirkenden Gespinsten in Bereichen des Hauses, die nicht oft benutzt werden. Zu den anderen Spinnen, die ihr in eurem Garten oder Haus sehen könnt, gehören Wolfsspinnen, deren Weibchen oft einen weißen Eiersack unter dem Bauch tragen, Zebraspringspinnen, die sich an ihre Insektenbeute heranpirschen, und winzige Baldachinspinnen, von denen einige feine Netze in Gras und Hecken bauen.

GARTEN-
KREUZSPINNE

VERSCHIEDENE NETZE

Verschiedene Spinnen spinnen unterschiedliche Netze. Einige Spinnen fertigen ein Radnetz mit Seidenfäden, die als Stolperdrähte fungieren und die Spinne warnen, wenn ein Insekt sie berührt. Gartenkreuzspinnen erbeuten auf diese Weise fliegende Insekten. Hauswinkelspinnen weben ein Netz, um Insekten zu fangen, die hineinkriechen oder -fliegen.

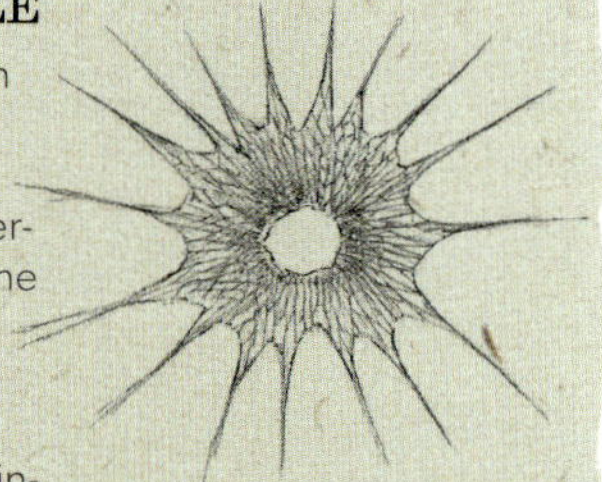

TRICHTERNETZ

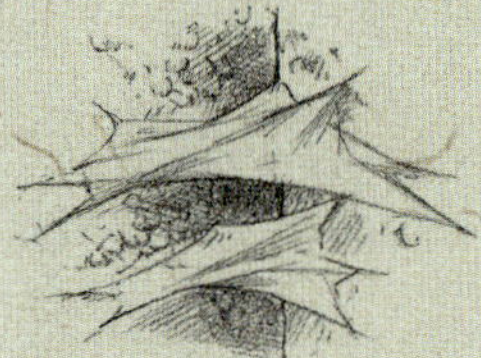

BALDACHINNETZ

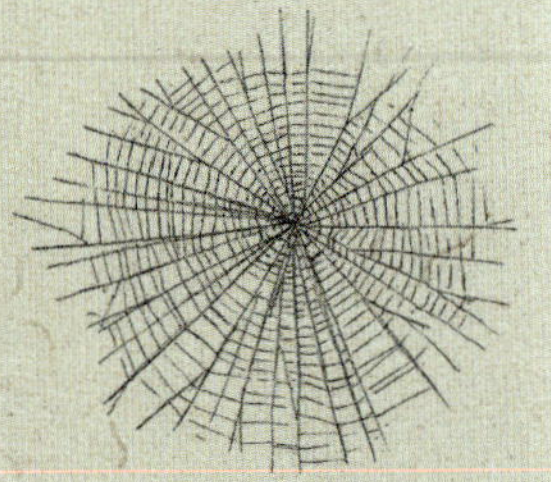

RADNETZ

CLEVERE KONSTRUKTION
Radnetzspinnen wie diese Wespenspinne brauchen weniger als zwei Stunden, um ihr Netz zu spinnen. Die nicht klebenden Speichen dienen dem Transport der Beute.

Rund um die Uhr

Tagsüber seht ihr andere Tiere als nachts. Diurnale Tiere sind tagsüber zu beobachten, während nocturnale nachts unterwegs sind.

FÜCHSE ENTDECKEN
Füchse kann man wie auch Kaninchen tagsüber und nachts beobachten.

Tagsüber

In der Morgendämmerung stimmen die Singvögel in den ersten Sonnenstrahlen ihr Morgenlied an (siehe S. 98). Wenn die Sonne höher am Himmel steht, kommen Schmetterlinge, Libellen und Reptilien heraus, um sich in der Wärme zu sonnen. Im Lauf des Tages tauchen verschiedene Gartenvögel auf, die auf der Suche nach Nahrung für ihre Jungen sind.

DER SONNE FOLGEN

Pflanzen, die der Sonne folgen, wenn sie sich über den Himmel bewegt, sind heliotrop. Die Bewegung wird als Heliotropismus bezeichnet. Die Pflanzen können viel Licht aufnehmen, das sie für die Fotosynthese benötigen. Auch die Sonnenblumenblüten folgen der Sonne. So locken sie Insekten an, die die Wärme lieben.

TAG ODER NACHT?

Das Verhalten von Tieren wird durch den sogenannten zirkadianen Rhythmus bestimmt. Dieser 24-stündige Zyklus bestimmt, wann sie schlafen, aufwachen und fressen. Viele Tiere einschließlich des Menschen sind tagaktiv, andere sind dämmerungsaktiv oder nachtaktiv (siehe S. 14). Nachtaktive Tiere können auf diese Weise den Wettbewerb um Nahrung mit ähnlichen tagaktiven Arten vermeiden, in heißen Lebensräumen der Hitze entgehen oder tagaktiven Raubtieren ausweichen.

TAGAKTIVER JÄGER
Turmfalken sind tagaktive Greifvögel. Da sie auf der Stelle in der Luft verharren (rütteln) können, nutzen sie die verschiedensten Lebensräume. Ihr könnt sie sogar an Hauptstraßen finden.

EICHHÖRNCHEN
Eichhörnchen fressen tagsüber und legen Vorräte an. Sie sind flink und stehlen oft Futter aus Vogelfutterhäuschen im Garten.

SCHLANGEN
Reptilien, etwa die Schlangen, sonnen sich morgens, um sich zu wärmen und ihren Stoffwechsel anzuregen.

FALLOBST
Lasst im Garten Fallobst auf dem Boden liegen, um Vöge und Insekten anzulocken.

In der Nacht

In der Abenddämmerung kann man manchmal Fledermäuse beobachten. Sie jagen Insekten, indem sie mithilfe von Schallwellen ein Bild ihrer Umgebung erzeugen. Das nennt man Echoortung. Andere nachtaktive Tiere können gut sehen, riechen oder hören. Das Taschenlampenlicht wird in den Augen eines Fuchses oder einer Katze von einer speziellen Schicht hinter der Netzhaut, dem Tapetum, reflektiert. So kann das Licht doppelt wahrgenommen werden.

MÜLLVERWERTER
Einige Säugetiere, wie Rotfüchse, suchen nachts und tagsüber in Mülleimern nach Nahrung.

SPUREN IM SAND

Mit Sand könnt ihr feststellen, welche Tiere nach Einbruch der Dunkelheit unterwegs sind. Verteilt eine dünne Sandschicht in einem Bereich, der vermutlich regelmäßig von den Tieren aufgesucht wird, etwa in einem Auslauf unter einer Gartenhecke oder um eine Futterstelle. Morgens könnt ihr die Fußabdrücke untersuchen.

Fußabdruck einer Maus

FUSSABDRÜCKE
Verschiedene Tiere können den Sand überqueren. Diese Abdrücke gehören zu einer Maus.

EULENRUFE
Waldkäuze sind Nachtjäger. Wenn bei den Eulen ein Männchen und ein Weibchen in der Nähe sind, rufen sie sich gegenseitig.

NACHTFALTER
Nachts blühende Blumen locken Nachtfalter an. Der Duft der Blüten hilft ihnen, sie im Dunklen zu finden.

LEUCHTKÄFER
Winzige Lichter im Gras weisen auf Glühwürmchen hin. Die weiblichen Käfer sind nicht flugfähig.

DACHSE
Sind Dachse in der Nähe, könnt ihr sie mit Erdnüssen, Haustiernahrung und Fleisch in euren Garten locken.

Gartenvögel

Vögel zu beobachten macht Spaß! Ihr könnt sie anlocken, indem ihr ihnen Nahrung, Unterschlupf und Wasser anbietet.

BEEREN IM HERBST
Die Beeren des Weißdorns werden im Herbst von Vögeln wie dieser Misteldrossel gern gefressen, ebenso wie die Beeren der Schlehe.

SCHLEHE

Vögel anlocken

Verschiedene Lebensräume im Garten locken auch unterschiedliche Vogelarten an. Bietet Bäume und Sträucher als Unterschlupf und Nistplatz an. Wählt einheimische Pflanzen, die für Vögel essbare Samen und Beeren produzieren und insektenfreundlich sind. Bietet Vogelfutter auf Futtertischen und in Futterhäuschen an, stellt sauberes Wasser zum Trinken und Baden zur Verfügung und bringt Nistkästen an (siehe S. 61).

SONNENBLUME
Sonnenblumenkerne könnt ihr kaufen, aber warum pflanzt ihr nicht die Blumen? Sie locken nicht nur Insekten an, sondern können nach der Blüte getrocknet werden, damit die Vögel die Samen bekommen können.

SICHERE NESTER
Stechpalmensträucher bieten kleinen Vögeln wie Rotkehlchen sichere Nistmöglichkeiten. Die roten Beeren werden von größeren Vögeln wie Misteldrosseln, Wacholderdrosseln und Amseln gefressen.

Vögel beobachten

Vögel könnt ihr gut an einer Futterstelle oder Vogeltränke beobachten. Betrachtet sie von einem Fenster aus und macht keine plötzlichen Bewegungen. Je nach Standort könnt ihr Vögel aus den folgenden häufigen Gruppen sehen.

Drosseln und Fliegenschnäpper

Drosseln sind kleine bis mittelgroße Singvögel. Die meisten sind graubraun und haben eine gesprenkelte Unterseite – einige der verwandten Fliegenschnäpper sind jedoch bunt. Drosseln ernähren sich von Insekten und Beeren, manchmal auch Schnecken. Singdrosseln knacken Schneckenhäuser mit einem Stein.

HAUSROTSCHWANZ

SING-DROSSEL

Stare

Stare haben meist ein dunkles, metallisch schimmerndes Gefieder. Gemeine Stare tragen vor allem im Winter weiße Sprenkel und können große Schwärme bilden (siehe S. 72–73). Sie wurden in Amerika, Australien und Neuseeland eingeführt. Zu den exotischen Starenarten gehören die asiatischen Mainas und die afrikanischen Glanzstare.

GEMEINER STAR

Spechte

Spechte sind auffällig gemustert und 15 bis 18 cm lang. Die größten Arten sind etwa krähengroß. Spechte haben spitze, meißelförmige Schnäbel, mit denen sie Löcher in Bäume picken oder hämmern, um Insektenlarven zu finden und ihre Nester zu bauen. Zwei ihrer Zehen zeigen nach vorn und zwei nach hinten, um ihnen das Greifen zu erleichtern.

BUNTSPECHT

GRÜNSPECHT

KOHLMEISE

BLAUMEISE

TANNENMEISE

Meisen

Vögel aus der Familie der Meisen haben einen kleinen, runden Körper und einen kurzen Schnabel. Einige haben eine Haube und andere wie die Schwanzmeisen einen sehr langen Schwanz. Viele Meisen sind farbenprächtig.

Finken

Die Finken sind kleine Vögel, oft bräunlich oder grünlich gefärbt. Manche Arten zeigen aber auch auffällige Rot- und Gelbtöne. Die Schnäbel variieren je nach ihrer Ernährungsweise. Neben Gimpeln, Stieglitzen und Grünfinken gehören auch Kernbeißer, Hänflinge und Erlenzeisige zur Familie.

GRÜNFINK

Raben

Raben sind mittelgroße bis große Vögel mit kräftigen Füßen und Schnäbeln. Viele Arten der Rabenvögel sind schwarz oder grau. Die Elster ist jedoch schwarz-weiß gezeichnet. Andere, wie der Eichelhäher und der Unglückshäher, sind farbenfroh. Zur Familie gehören auch Dohlen, Saatkrähen und Raben.

AASKRÄHE

EICHELHÄHER

VÖGEL IM FLUG

Fliegende Vögel zu identifizieren ist oft schwierig. Neben dem Flugrhythmus sind die Größe des Vogels (aus der Entfernung leider oft schwer zu erkennen), die Form der Flügel und des Schwanzes, die Farbe und die Haltung des Halses und der Beine zu beachten. Reiher fliegen zum Beispiel mit gebeugtem, Kraniche und Störche dagegen mit gerade gestrecktem Hals.

SCHNELLER FLÜGELSCHLAG
Ein gerader Flug mit schnellen Flügelschlägen ist typisch für Tauben, Enten und Seevögel mit kurzen Flügeln, etwa Alken.

LANGSAMER FLÜGELSCHLAG
Reiher, Möwen und Schleiereulen fliegen mit einem fast träge wirkenden Flügelschlag, der Beutesuche im Flug ermöglicht.

UNTERBROCHENER FLÜGELSCHLAG
Spechte und Finken zeigen einen wellenförmigen Flügelschlag, der von Pausen unterbrochen wird, in denen sie auf- und abgleiten.

UNREGELMÄSSIGER FLÜGELSCHLAG
Insektenfresser wie Mauersegler und Schwalben fliegen nach einem willkürlichen Muster, da sie sich immer wieder auf Insekten stürzen.

Vögel füttern

Vögel ernähren sich abhängig von ihrer Art und von der Jahreszeit unterschiedlich. Einige fressen vor allem Insekten, insbesondere zur Brutzeit im Frühjahr und im Sommer, während andere Sämereien bevorzugen. Viele Vögel lieben die im Herbst und Winter anfallenden Beeren sowie Fallobst. Ihr könnt ihnen helfen, indem ihr zusätzliches Futter anbietet.

STUNDE DER GARTENVÖGEL

Nehmt doch einmal an der »Stunde der Gartenvögel« teil. Diese vom NABU veranstaltete Aktion findet jährlich am zweiten Maiwochenende statt. Dazu zählt ihr einfach eine Stunde lang die beobachteten Vögel, notiert die höchste Anzahl einer jeden Art und gebt das Ergebnis weiter. Mehr Informationen findet ihr unter www.stundedergartenvoegel.de.

ORTE FÜR FUTTERSTELLEN

Bietet unterschiedliche Futterstellen an verschiedenen Orten an. Das nächste Gebüsch sollte nur 2–3 m entfernt sein, damit die Vögel sich verstecken können, wenn ein Fressfeind wie etwa ein Falke sich nähert.

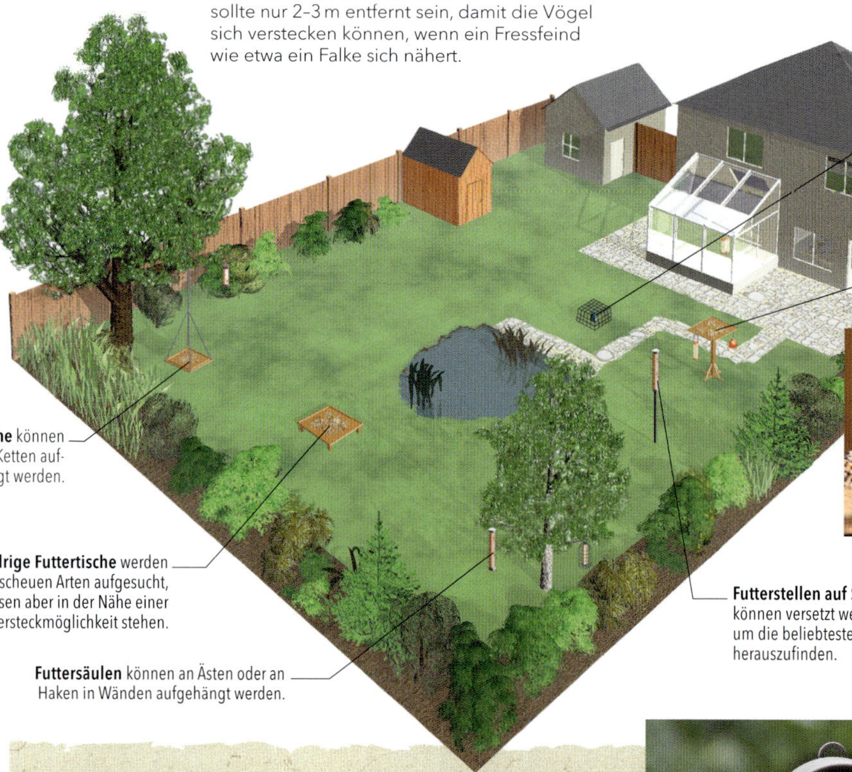

FUTTERTISCHE

Amseln besuchen gern Futtertische. Bietet eine Mischung aus Maisflocken, Sonnenblumenkernen und gehackten Erdnüssen an.

KAMERA-EINSATZ

Der Schlüssel zur Vogelfotografie ist es, nicht aufzufallen. Verwendet ein Teleobjektiv vom Haus oder Gartenhaus aus. Ihr könnt auch ferngesteuerte Kameras neben Futterhäuschen oder Nistkästen aufstellen, um die Vögel zu beobachten. Einige Kameras sind so klein, dass sie in Nistkästen passen, damit ihr die Vogelfamilie darin sehen könnt.

NISTKASTENKAMERA

Eine kleine, in eine Schublade eingebaute Videokamera ermöglicht einen hervorragenden Blick auf das Nest im Häuschen.

BEWEGUNGSMELDER

Die sich vor dem Infrarotsensor bewegenden Vögel starten die Kamera, sodass digitale Fotos, Videos oder Kombinationen von beidem entstehen können.

Futterrezepte

Um Futterknödel zu machen, mischt ihr ein Drittel erwärmten Talg mit zwei Dritteln Körnern, Trockenfrüchten, Nüssen und Haferflocken. Presst die Mischung in eine Form (Joghurtbecher, Kokosnussschale) und lasst sie erstarren, bevor ihr die Futtermasse aufhängt.

Verschiedene Futterspender

Mit verschiedenen Futterspendern und -sorten lockt ihr unterschiedliche Vögel an. Einige hängen gern an Spendern, andere sitzen darauf oder fressen vom Boden. Als Nahrung dienen Sonnenblumenkerne, Maisflocken, Erdnüsse, Mehlwürmer und getrocknete Insekten.

1 Kleine Vögel wie die Stieglitze lieben Spender mit Sitzstangen und fressen kleine Samen. Nigersamen sind nicht groß und enthalten viel Öl. Sie sind bei Finken und Zeisigen besonders beliebt.

2 Kleiber sitzen oft mit dem Kopf nach unten an Baumstämmen. Futterspender aus Draht sind für sie ideal.

3 Vögel wie dieser Zeisig brauchen vor allem bei kaltem Wetter unsere Hilfe. Füllt die Futterstellen regelmäßig und haltet sie frei von Schnee.

4 Um Buntspechte anzulocken, füllt eine Kokosnussschale mit Talg und Sonnenblumenkernen und hängt sie an einem Ast oder einem Futtertisch auf.

Gute Tipps

1. Benutzt Futter hoher Qualität von zuverlässigen Anbietern.
2. Entfernt zu altes oder verdorbenes Futter.
3. Bietet keine Fett-, Margarine-, Pflanzenöl- oder Milchreste aus dem Haushalt an.
4. Bietet nie gesalzene Nahrung an. Gebt kein Salz ins Vogelbad.
5. Haltet Futtervorräte trocken.

MARIENKÄFER

Gärten für Tiere

Ganz gleich, wie groß euer Garten ist – ihr könnt viele Dinge tun, um die Wildtiere in eurer Umgebung zu fördern.

Warum benötigen Wildtiere Gärten?

Viele geeignete Lebensräume für Wildtiere sind im Lauf der Jahre durch veränderte Flächennutzung verloren gegangen, aber mit ein wenig Mühe könnt ihr Orte für Wildtiere schaffen, an denen sie sich fortpflanzen, Schutz und Nahrung finden können. Es gibt viele Dinge, die nicht viel kosten, aber den Tieren helfen, ganz gleich, ob ihr einen Garten, einen Balkon oder ein Fensterbrett habt.

Blühender Lavendel lockt Schmetterlinge und Bienen an.

Ein Blumenkasten

In einem Blumenkasten könnt ihr ein kleines Naturreservat anlegen. Wählt Pflanzen, die zu verschiedenen Zeiten blühen, um das ganze Jahr über Nahrung zu bieten. Blühende Zwiebelpflanzen locken frühe Hummeln an, während Sommerblumen Nektar für sonnenhungrige Schmetterlinge liefern. Viele Kräuter, wie Lavendel und Katzenminze, sind bei Honigbienen beliebt und duften angenehm. Immergrüne Pflanzen wie Rosmarin und Efeu bieten Insekten wie Marienkäfern den ganzen Winter über Schutz.

1 Füllt euren Blumenkasten mit Kompost und pflanzt eine Reihe von Pflanzen in ausreichendem Abstand zueinander, damit sie Platz zum Wachsen haben.

2 Deckt die Oberfläche mit Kies oder Rinde ab, damit der Kompost im Sommer die Feuchtigkeit hält und der Blumenkasten im Winter nicht ausfriert.

3 Eine flache Untertasse mit Wasser lockt Wasserwanzen und Wildtiere an, die darin trinken oder sich waschen können. Gießt die Pflanzen und düngt organisch, aber verwendet keine Pestizide.

Ein Eimer voll Leben

Ein Eimer Wasser wird bald von Insektenlarven wimmeln. Stechmücken legen ihre Eier darin ab. Die Larven bleiben an der Oberfläche, um zu atmen, aber wenn man den Eimer antippt, tauchen sie mit ruckartigen Bewegungen ab. Kleine rote »Würmchen« sind die Larven der Zuckmücke, einer nicht stechenden Mückenart.

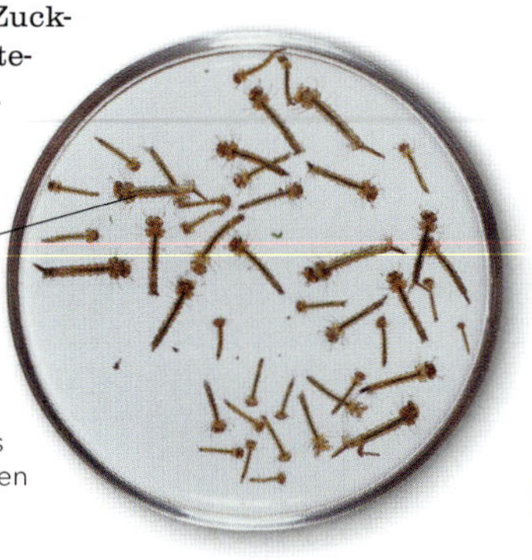

WIMMELNDES LEBEN
Mückenlarven filtern Algen und Bakterien aus dem Wasser und ernähren sich von ihnen.

Vogeltränke

Vögel benötigen das ganze Jahr über Wasser. Stellt eine Vogeltränke in der Nähe von Büschen auf, sodass die Vögel sie gut sehen können. Reinigt sie regelmäßig, füllt Wasser auf und entfernt Eis. Eine Wassertiefe zwischen 2,5 cm und 10 cm ist für eine Vielzahl von Arten geeignet.

BADEN IN DER LUFT
Manche der im Handel erhältlichen Vogeltränken können auch an einem Baum aufgehängt werden.

BADEFREUDEN
Eine Vogeltränke auf einem Sockel, mindestens 1 m über dem Boden, bietet Schutz vor Katzen.

Eine Hilfe für Bienen

Bienen bestäuben viele Pflanzen und sie benötigen unsere Hilfe. Solitäre Arten nisten in Löchern im Boden oder in hohlen Pflanzenstängeln. Sie legen ein Ei in eine Zelle innerhalb des Nests und versorgen die Larve nach dem Schlüpfen mit Nahrung. Mit einem Bienenhotel könnt ihr den Tieren helfen. Stellt es an einen sonnigen Ort und sorgt dafür, dass kein Regen eindringen kann.

BIENENHOTEL

Bastelt ein Bienenhotel aus einem Bambusrohr, Modelliermasse und einem Tontopf. Schneidet das Bambusrohr in 20 gleich lange Stücke. Bindet die Rohre mit Klebeband zusammen und drückt ihre Enden in die Knetmasse. Steckt das Bündel mit den offenen Enden nach außen in den Topf.

Totholzhaufen

Ahmt den Lebensraum umgestürzter Bäume mit einem Haufen von Ästen in einem schattigen Gartenteil nach. So entstehen ein dunkler Unterschlupf und eine Nahrungsquelle für zahlreiche Tiere, darunter Käfer, Tausendfüßer, Kröten, Frösche und Molche. Auf verrottendem Holz wachsen auch interessante Pilze. Fügt regelmäßig neue Stämme und Äste hinzu.

HOLZMEHL
Hirschkäferlarven leben bis zu fünf Jahre lang im Holz. Im Winter verpuppen sie sich und im Frühling erscheinen die Käfer.

Laubhaufen und Igelhäuser

Bietet Nistmaterial für kleine Säugetiere an, indem ihr trockenes Laub zusammenharkt und Tierwolle und -haare auslegt, die zum Auskleiden des Nests dienen können. Ihr könnt auch Nistkästen für Igel oder Siebenschläfer bauen oder kaufen. Verrottetes Laub kann man auch später als Mulch im Garten ausbringen.

Achtet auf Wirbellose wie etwa Schnecken in Laubhaufen.

KUSCHLIGES NEST
Neben kleinen Säugetieren können auch Kröten in Laubhaufen überwintern.

HILFE FÜR IGEL
Ein Igel kann in einem Kasten in einer ruhigen Ecke überwintern. Legt kein Schneckenkorn aus, denn Igel fressen gelegentlich Schnecken.

Vogel- und Fledermauskästen

Es gibt zahlreiche verschiedene Arten von Vogel- und Fledermauskästen. Die Auswahl des Kastens bestimmt die Art, die ihn beziehen wird. Bringt den Kasten an einem Baum, einem Pfosten oder einer Mauer in einem ruhigen Teil des Gartens an. Säubert ihn im späten Winter oder zu Beginn des Frühjahrs, um Platz für neue Nester zu schaffen.

1 Bringt mehrere Fledermauskästen rund um den Baum an, damit sie tagsüber unterschiedlich warm sind. Die Fledermäuse kommen durch einen Schlitz im Boden hinein.

2 Ein natürlich aussehender Vogel- oder Fledermauskasten kann aus einem Stück eines hohlen Asts gefertigt werden.

3 Kleine Vögel wie die Blaumeisen bevorzugen ein kleines Einflugloch. Stellt den Kasten so auf, dass ihn keine Katzen erreichen können.

Kompost-bewohner

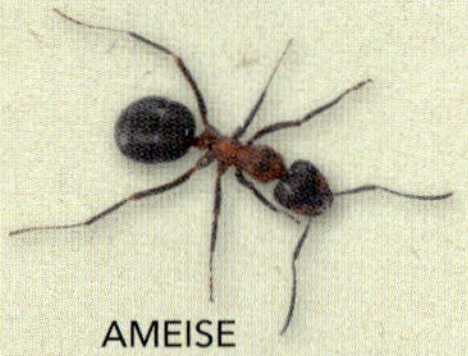

AMEISE
Ameisen bewohnen oft Komposthaufen und finden dort auch ihre Nahrung.

HUNDERTFÜSSER
Hundertfüßer leben in den oberen Schichten und jagen andere Insekten und Spinnen.

OHRWURM
Ohrwürmer fressen Pflanzenmaterial. Die Hinterleibszangen dienen der Verteidigung.

ELSTER
Elstern und kleine Säugetiere suchen im Kompost nach Nahrung.

Kompost

Das Anlegen eines Komposthaufens ist eine hervorragende Möglichkeit, Gartenabfälle und einen Teil der Hausabfälle zu recyceln. Gleichzeitig lässt sich mit Kompost der Boden verbessern. Die warme, feuchte Umgebung lockt auch verschiedene Tiere an. Fügt einem neuen Haufen etwas alten Kompost oder Erde hinzu, um nützliche Bodenmikroben und Regenwürmer anzusiedeln. Setzt den Haufen regelmäßig um, um ihn mit Sauerstoff zu versorgen, aber achtet darauf, dass ihr keine Tiere verletzt.

ROHMATERIAL
Gebt frisches Laub, Schnittgut oder Lebensmittelabfälle auf den Haufen. Sie bieten Insekten ein Zuhause und locken Tiere an, die sich von ihnen ernähren. Auch Vögel suchen oft auf dem Kompost nach Nahrung.

KOMPOSTREIFUNG
Bakterien lassen den Kompost reifen. Die von ihnen durch ihren Stoffwechsel erzeugte Wärme beschleunigt den Kompostierungsprozess. Pilze, Regenwürmer und andere wirbellose Tiere unterstützen die Reifung.

REIFER KOMPOST
Der Kompost sollte nach vier bis acht Monaten fertig sein, je nach Temperatur. Gebt den fertigen Kompost auf Blumen- und Gemüsebeete, um die Bodenstruktur zu verbessern und das Wachstum der Pflanzen zu fördern.

Würmer können 1,6 m tief graben, kommen aber bei Regen an die Oberfläche.

RECYCELN VON NÄHRSTOFFEN
Gebt Küchen- und Gartenabfälle in die Komposttonne. Es entstehen wertvolle Nährstoffe, die ihr dem Garten wieder zuführen könnt.

Bestandteile des Komposts

Ein guter Kompost entsteht aus stickstoffreichen »grünen« Bestandteilen wie Obst- und Gemüseschalen sowie (nicht zu viel) Grasschnitt und trockenen, kohlenstoffreichen »braunen« Bestandteilen wie Laub, Stroh und Holzspänen. Haltet den Haufen feucht und belüftet ihn gut. Achtet darauf, dem Kompost kein Fleisch oder Fett beizumischen, damit er nicht von Ratten bevölkert wird.

Die unterschiedlichen Schichten zeigen, wie die Würmer den Kompost verarbeiten.

WURMZUCHT

Ihr könnt eine durchsichtige Wurmkiste bauen, um die Regenwürmer bei der Arbeit zu beobachten. Bohrt Entwässerungslöcher in den Boden und fügt abwechselnd Sand, Erde, Kompost und Laubstreu hinzu. Setzt einige Regenwürmer hinein. Stellt die Kiste an einen dunklen Ort. Nun könnt ihr die Würmer beobachten.

Anlage eines Gartenteichs

Ein Teich ist eine Bereicherung für jeden Garten. Er lockt Teichläufer, Wasserkäfer, Wasserschnecken, Libellen und Amphibien wie Frösche und Molche an. Er bietet auch Vögeln und Säugetieren einen Platz zum Trinken. Bestückt den Teich mit einheimischen Pflanzen, denn nicht heimische Arten einzuführen kann sich negativ auswirken. Setzt keine Goldfische ein, da sie Wasserschnecken und Kaulquappen fressen. Legt den Teich an einem halbschattigen, geschützten Ort in der Nähe von Bäumen an und wartet auf die Tiere, die sich ansiedeln werden.

1 Hebt ein flaches Loch mit einem abfallenden Rand und mit Stufen aus. Legt eine Teichfolie aus und beschwert sie vorübergehend.

2 Bedeckt die Folie mit Sand, Erde und Schotter. Füllt den Teich mit Wasser aus Regentonnen oder lasst ihn sich mit Regen füllen.

3 Fügt Pflanzen hinzu. Mit Steinen könnt ihr sie auf die gewünschte Höhe bringen. Es empfiehlt sich, eine Vielzahl von Unterwasser- und Schwimmpflanzen zu verwenden, um möglichst viele Wildtiere in und an den Teich zu locken.

MINITEICH IM FASS
Wer keinen Garten hat, kann trotzdem einen kleinen Teich anlegen. Steile Wände sind jedoch für kleine Tiere problematisch, daher solltet ihr für Ausstiege sorgen.

KÜNSTLICHE BEHÄLTER
Kunststoffbehälter oder alte Badewannen könnt ihr im Boden versenken. Beseitigt regelmäßig alle Blätter, die hineinfallen.

Wasserpflanzen

SAUERSTOFFSPENDER
Hornkraut hält das Teichwasser klar und liefert durch die Fotosynthese Sauerstoff.

TIEFES WASSER
Zweiährige Wasserähren sind Neophyten und sollten daher nicht in Gartenteichen gepflanzt werden.

TEICHRAND
Am Teichrand wächst Sumpf-Vergissmeinnicht, das Insekten Rastplätze bietet und Wildtiere schützt.

SCHWIMMBLÄTTER
Der Europäische Froschbiss ist eine Schwimmpflanze, die Tieren eine wertvolle Deckung bietet.

Tag- und Nachtfalter

Ihr könnt den Garten für Schmetterlinge attraktiver machen. Sie leben weltweit in vielen verschiedenen Lebensräumen.

Tag- oder Nachtfalter?

Alle etwa 180 000 Arten der Schmetterlinge gehören zur Insektenordnung Lepidoptera, was so viel wie »Schuppenflügler« bedeutet. Die meisten Arten sind tagaktiv, während viele, wenn auch nicht alle Nachtfalter nachtaktiv sind. Viele Nachtfalter wirken im Vergleich zu den Tagfaltern trist – so sind sie gut getarnt. Nachtfalter ruhen in der Regel mit ausgebreiteten Flügeln, während Tagfalter ihre Flügel über dem Rücken zusammenlegen, es sei denn, sie sonnen sich.

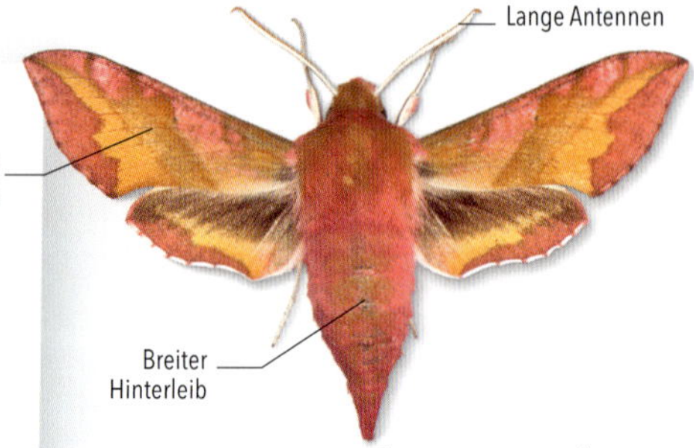

KLEINER WEINSCHWÄRMER (SCHWÄRMER)
Diese Falter ernähren sich vom Nektar von Blumen wie Geißblatt und Rhododendron. Ihre Raupen fressen verschiedene Labkräuter.

METAMORPHOSE

Schmetterlinge durchlaufen eine spektakuläre Verwandlung, die Metamorphose, von der Raupe zum geflügelten erwachsenen Tier. Während dieser Verpuppung werden die Zellen im Körper der Raupe umgewandelt. Sogenannte Imaginalscheiben dienen als Anlage verschiedener Körperteile. Die Puppen sind in einer festen Hülle eingeschlossen. Einige Nachtfalterraupen schützen die Puppe, indem sie sie mit einem Seidenkokon umgeben.

1 Schmetterlinge legen ihre Eier meist auf Pflanzen ab. Haltet Ausschau nach winzigen Eiern auf der Ober- oder Unterseite eines Blatts.

2 Aus den Eiern schlüpfen Raupen, die sich von der Pflanze ernähren. Dies ist die Wachstumsphase. Pflanzen mit zerfressenen Blättern deuten auf Raupen hin.

3 Ist die Raupe ausgewachsen, sucht sie sich einen Ort zum Verpuppen. In der Puppe verwandelt sie sich in einen Schmetterling.

4 Nach abgeschlossener Metamorphose schlüpft der Schmetterling aus der Puppe. Nun müssen sich seine Flügel entfalten und aushärten. Jetzt ist das Tier geschlechtsreif.

SCHWALBENSCHWANZ
Weltweit gibt es über 600 Arten der Familie der Schwalbenschwänze (Papilionidae). Ihr Name leitet sich von den Spitzen der Hinterflügel ab, die dem Schwanz einer Schwalbe ähneln. Sie sind besonders in tropischen Regionen verbreitet.

WUNDERSCHÖNE ARTEN

Schmetterlinge gibt es in einer Vielfalt von Größen, Farben, Formen und Mustern. Führt über die beobachteten Falter Buch und notiert die typischen Merkmale.

TAGPFAUENAUGE (EDELFALTER)

RUSSISCHER BÄR (BÄRENSPINNER)

KLEINER KOHLWEISSLING (WEISSLING)

FALTER ANLOCKEN

Gärten können leicht schmetterlingsfreundlich gestaltet werden. Die Falter lieben blühende Pflanzen, etwa Sommerflieder (unten) an sonnigen Orten, und die Raupen benötigen die richtige Nahrung. Verwendet keine Pestizide und sorgt für sonnige Ruheplätze und feuchte Stellen im Boden, an denen die Raupen wichtige Mineralien erhalten.

FLÜGEL VON NAHEM BETRACHTET

Die Flügel sind mit Reihen winziger, sich überlappender Schuppen bedeckt, die ihnen die Farbe und Zeichnung verleihen. Die Farbe entsteht durch Pigmente oder die Brechung des Lichts.

Weiden und Felder

Ackerland ist zwar künstlich angelegt worden, aber es ist die Landschaft, die für Menschen am leichtesten zugänglich ist. Es stimmt zwar, dass ein Großteil der modernen Land- und Forstwirtschaft den einheimischen Arten schadet, aber mancherorts haben die Landwirte auch neue Lebensräume geschaffen, die reicher sind als manche der natürlichen Umgebungen. Manchmal gedeiht hier Klatschmohn und Feldlerchen singen am Himmel, und wer würde sich nicht über einen Spaziergang über eine Blumenwiese freuen? In der Tat sind diese Felder wichtige Ressourcen.

ORCHIDEE

Weideland

Bei einer vernünftigen Bewirtschaftung kann der Viehbestand dazu beitragen, Lebensräume zu erhalten. Ohne Vieh würden Gräser und Sträucher überhandnehmen und Wildblumenwiesen gingen verloren. Grasland ist für Schmetterlinge und Vögel wie den Großen Brachvogel, die Heidelerche und den Ziegenmelker lebenswichtig. Überschwemmte Wiesen bieten Wasservögeln einen saisonalen Unterschlupf.

JUNGFERN-ELLERLING

EUROPÄISCHER MAULWURF

Weiden und Felder

Wildtiere haben es schwer, in Agrarlandschaften ihre Nische zu finden. Bei einer wildtierfreundlichen Bewirtschaftung gibt es aber ein Mosaik von Lebensräumen: Felder und Wiesen, die von Hecken, Gräben und Wäldern unterbrochen werden.

Ackerland

Ackerflächen sind oft kahle Monokulturen, in denen nur wenige Tiere leben. Ökologische Anbaumethoden bieten Wildtieren jedoch einen Lebensraum. Zu den nötigen Maßnahmen gehören das Belassen von Ernteresten auf den Feldern, Fruchtwechsel, die Wiederherstellung verschwundener Hecken und das Belassen breiter Feldränder und -raine.

KORNBLUME

KLATSCHMOHN

FELDLERCHE

Wegraine und Feldränder

Für die Tierwelt sind Wegraine und Feldränder wichtig. Hier müssen Maschinen und Chemikalien in Schach gehalten werden. Auch Hecken, Gräben und Steinmauern begrenzen die Felder. Sie bieten Singvögeln und Reptilien Nahrung, Schutz und Korridore, durch die sie sich sicher bewegen können.

WALDSPITZMAUS

SINGDROSSEL

Heuwiese

Wildblumenreiche Heuwiesen sind nicht nur schön, sondern bieten auch einer Vielzahl sich von Nektar ernährenden Insekten wie Hummeln, Honigbienen und Schmetterlingen einen Lebensraum. Leider haben die modernen Mähverfahren und der Einsatz von Herbiziden zu einer Abnahme der Insektenbestände geführt.

BUTTERBLUME

Scheunen und Nebengebäude

Alte Gebäude bieten Schleiereulen, Schwalben, Fledermäusen und Nagetieren ein Zuhause. Sind sie ein wenig heruntergekommen und werden selten betreten, sind die Tiere ungestört. Ein offenes Fenster oder ein Spalt ermöglichen es ihnen hineinzukommen. Alte Gebäude können mit Geschick restauriert werden, damit hier weiterhin Wildtiere einen Unterschlupf finden.

SCHLEIEREULE

ZWERGMAUS

Verbindungswege

Trotz Bewirtschaftung kann Ackerland viele Wildtiere beherbergen. Feldränder bieten den Tieren sichere Verbindungswege.

Feldränder

Felder und Äcker werden abhängig von dem verfügbaren Material und dem Klima unterschiedlich voneinander abgegrenzt. Zu den üblichen Methoden gehören Hecken, Gräben und Steinmauern, die es Wildtieren ermöglichen, die Felder zu besiedeln und entlang der Grenzen zu durchqueren. Der Verlust von Feldrändern, etwa durch das Zusammenlegen von Feldern oder das Ersetzen von Steinmauern durch Zäune, ist für die von ihnen abhängige Tierwelt von großem Nachteil.

BLICK VON OBEN
Aus dem Flugzeug könnt ihr sehen, wie Felder durch Hecken, Baumreihen, Gräben oder Mauern abgegrenzt sind. Eine Mischung verschiedener Begrenzungen schafft das artenreichste Ackerland.

Hecken

Hecken sind Reihen von Sträuchern, die zur Abgrenzung gepflanzt werden. Man kann das Alter einer Hecke schätzen, indem man ihre Pflanzenarten zählt – manche können Hunderte von Jahren alt sein. Im Schutz der Hecken gedeihen viele verschiedene Tier- und Pflanzenarten, darunter Vögel, Insekten, Säugetiere, Wildblumen, Moose und Pilze.

KREUZOTTER
Verschiedene Reptilien finden in Hecken Unterschlupf, darunter auch Schlangen wie die giftige Kreuzotter. Man sollte ihr nicht zu nahe kommen.

WÜHLMAUS
Wühlmäuse sind kleine, in Nordeuropa beheimatete Nagetiere, die grasbewachsene Lebensräume benötigen. Sie können sich in Hecken gut vor Greifvögeln verstecken.

Gräben

Gräben entwässern tief liegendes Land, können aber auch Wasserkäfern und Libellen, Vögeln, Molchen und anderen Amphibien sowie Fischottern und Wühlmäusen als Lebensraum dienen. Gräben müssen so bewirtschaftet werden, dass sie nicht verschlammen oder zuwachsen. Sie können allerdings durch Düngemittel und Pestizide von den angrenzenden landwirtschaftlichen Flächen belastet werden.

AMERIKANISCHER NERZ
Der Amerikanische Nerz ist in Nordamerika beheimatet, wurde aber auch in Europa eingeführt. Vielleicht seht ihr einen in einem Graben. Nerze jagen und erbeuten einheimische Wildtiere darunter auch Wühlmäuse.

TEICHHUHN
Das Teichhuhn gehört zu den Wasservögeln, die oft in Gräben entlang von Äckern zu finden sind.

KEIMUNG IN AKTION

Bei der Keimung wächst ein Samen zu einer Pflanze heran. Ihr könnt diese Entwicklung beobachten, indem ihr einige Samen auf feuchtes Papier in eine durchsichtige, verschlossene Plastiktüte legt und sie etwa eine Woche lang bei Zimmertemperatur stehen lasst. Die Samen befinden sich im Inneren einer Frucht – im Fall der Bohnen in einer Hülse, die dann aufplatzt. Jede Bohne ist ein Samen, aus dem eine neue Pflanze entstehen kann, sofern Temperatur, Feuchtigkeit und Lichtintensität für die Keimung geeignet sind.

1 Der Samen der Bohne enthält den Embryo und einen Vorrat an Stärke und Eiweiß.

Das Hilum ist der Nabel, an der der Samen befestigt war.

2 Die Keimung beginnt und die Wurzelanlage entsteht aus dem Samen und wächst nach unten.

Die Wurzelanlage ist die einfache erste Wurzel der Pflanze.

3 Die Keimblätter werden durch das Hypokotyl, den Vorläufer der Sprossachse, an die Oberfläche gedrückt.

Die Keimblätter sind die ersten Blätter und sind fotosynthetisch aktiv.

Sekundärwurzeln beginnen die Pflanze zu verankern und nehmen Wasser und Nährstoffe auf.

Stillgelegte Bahntrassen

Alte Eisenbahnstrecken, die von der Natur zurückerobert werden, verknüpfen verschiedene Gebiete. Sie sind oft reich an blühenden Pflanzen und bilden einen Lebensraum für Schmetterlinge und andere Insekten. Kleine Säugetiere nutzen diese Wege, um von einem Gebiet zum anderen zu gelangen, und Fledermäuse folgen den Trassen, wenn sie nach Einbruch der Dunkelheit von ihren Schlafplätzen zur Futtersuche fliegen.

TURMFALKE
Der Turmfalke jagt kleine Säugetiere, die in der Vegetation leben. Er erkennt sie im Rüttelflug.

BLÜTENBESTÄUBER
Schmetterlinge wie der Kleine Sonnenröschen-Bläuling sind wichtige Bestäuber. Wenn sie von Blüte zu Blüte fliegen, nehmen sie auch Pollen mit.

Trockenmauern

Trockenmauern werden seit Langem zur Einfriedung oder zur Terrassierung verwendet – zum Beispiel in mediterranen Olivenhainen. Da sie ohne Mörtel oder Zement gebaut werden, bieten sie Verstecke für Pflanzen und Tiere. Haltet Ausschau nach Insekten, Reptilien und Amphibien, die in den Mauern leben, und untersucht die Steinoberfläche, ob auf ihr Flechten wachsen.

SONNENANBETER
Reptilien wie diese Mauereidechse sonnen sich zwischen den warmen Steinen.

BERG-STEINKRAUT
Die Pflanze gedeiht auf felsigen, trockenen Böden in Europa und Asien, sogar in Mauerspalten.

Gestaltwandler

Starenschwärme bieten ein unglaubliches Spektakel. Die Vögel bewegen sich anmutig über das offene Land.

Große Vogelschwärme sind eins der größten Naturschauspiele. Vielleicht seht ihr einen Schwarm Stare – gesellige Vögel, die zu Hunderten oder Tausenden gemeinsam übernachten. Die Schwärme sind im Herbst und Winter am größten. Haltet nachmittags und am frühen Abend über landwirtschaftlich genutzten Flächen Ausschau nach ihnen. Die Vögel fliegen bis zu eine halbe Stunde lang gemeinsam zu ihren Schlafplätzen. So verwirren sie Greifvögel, da es für diese schwierig ist, einzelne Vögel auszumachen. Gruppen von Staren zeigen auch ein interessantes Fressverhalten. Während sich die vorderen Vögel vorwärts über den Boden bewegen, steigen die hinteren Vögel auf und landen vor ihnen. Im Frühjahr und Sommer sind die Stare auf offenem Ackerland zu finden, wo sie auf dem Boden nach Insekten und ihren Larven suchen. Auf diese Weise helfen sie den Landwirten bei der Bekämpfung einer Reihe von Pflanzenschädlingen. Im Herbst und Winter wenden sich die Stare dem Getreide und den Früchten zu.

FLIEGEN IM SCHWARM

Bisher ging man davon aus, dass in Starenschwärmen jeder Vogel einen bestimmten Abstand zu seinem Nachbarn einhält. Neue Forschungen haben jedoch gezeigt, dass jeder Star die Position von sechs oder sieben anderen Vögeln innerhalb des Schwarms verfolgt, was ihm ermöglicht, blitzschnelle Anpassungen seines Flugs vorzunehmen. Auf diese Weise kann sich der Schwarm vergrößern und verkleinern, während der Zusammenhalt unverändert bleibt.

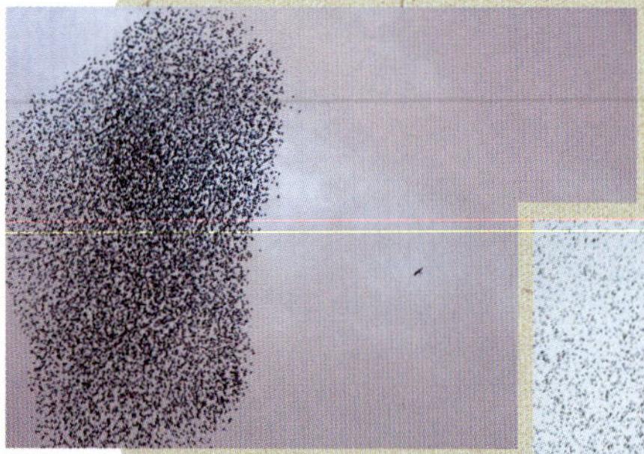

FRESSFEINDE
Der Schwarm wirbelt herum, teilt sich und formiert sich neu, um zum Beispiel Wanderfalken zu überlisten.

GEWALTIGES SCHAUSPIEL
Während die Sonne untergeht, scheinen Tausende von Staren synchron zu fliegen, wenn der Schwarm sich niederlassen will.

Käfer

Käfer leben fast überall, von Wüsten und Teichen bis hin zu Berggipfeln. Es wird angenommen, dass sie ein Drittel aller Insektenarten ausmachen.

Vielfalt und Verbreitung der Käfer

Käfer (Coleoptera) sind Gliederfüßer (Arthropoden). Sie haben gegliederte Beine und ihre vorderen Flügeldecken (Elytren) sind verhärtet und schützen die empfindlicheren Hinterflügel. Man geht davon aus, dass es weltweit mehr als 350 000 Käferarten gibt, und viele weitere Arten müssen noch entdeckt werden. Käfer spielen eine wichtige Rolle in der Natur: Sie recyceln Nährstoffe, indem sie helfen tierische und pflanzliche Abfälle abzubauen. Die meisten Käferarten sind Pflanzenfresser.

KARTOFFELKÄFER
Der aus Nordamerika stammende Kartoffelkäfer (Familie Chrysomelidae) ist weit verbreitet. Er kann die Kartoffelkulturen schädigen.

Verschiedene Käfer

Derzeit gibt es wohl über 180 verschiedene Käferfamilien. Ihr Größenspektrum reicht von winzigen Arten, die weniger als einen Millimeter groß sind, bis hin zu Riesen wie dem Riesenbockkäfer des Amazonas-Regenwalds, der fast 20 cm lang werden kann. Hier werden einige häufige Familien vorgestellt.

MARIENKÄFER (COCCINELLIDAE)
Marienkäfer sind kleine, runde Käfer. Das bekannteste Muster ist rot mit schwarzen Flecken, aber es gibt auch andere Varianten.

KURZFLÜGLER (STAPHYLINIDAE)
Die fleischfressenden Kurzflügler haben lange, flexible Hinterleiber, die unter den kurzen Flügeldecken (Elytren) herausragen.

RÜSSELKÄFER (CURCULIONIDAE)
Rüsselkäfer sind kleine Pflanzenfresser mit gekeulten Fühlern. Über 60 000 Arten sind beschrieben worden.

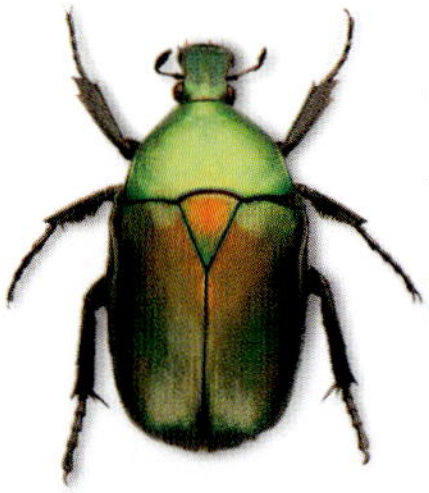

BLATTHORNKÄFER (SCARABAEIDAE)
Blatthornkäfer variieren in Farbe, Form und Größe. Alle tragen eine charakteristische Keule an den Enden ihrer Fühler.

BOCKKÄFER (CERAMBYCIDAE)
Diese Käfer besitzen Fühler, die so lang wie ihr Körper oder sogar länger sein können.

BERLESE-TRICHTER

Mit einem Berlese-Trichter könnt ihr Insekten beobachten, die im Boden und in der Laubstreu leben. Gebt etwas Erde auf ein Sieb und das Sieb in einen Trichter. Setzt den Trichter auf ein Glas mit Küchenpapier auf dem Boden. Beleuchtet die Probe aus mindestens 10 cm Höhe. Wegen der Wärme und des Lichts bewegen sich die Insekten durch das Netz in das Glas. Denkt daran sie später wieder freizulassen.

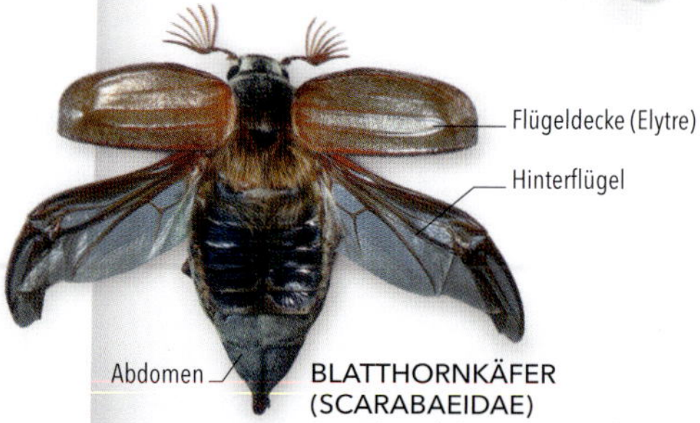

BLATTHORNKÄFER (SCARABAEIDAE)
Die Flügel dieses Maikäfers sind zum Fliegen ausgestreckt. Mit den gespreizten Fühlern kann er Luftströmungen wahrnehmen.

LAUFKÄFER (CARABIDAE)
Es gibt fast 30 000 Arten der fleischfressenden Laufkäfer. Sie sind meist schwarz, metallisch blau, bronze oder schillernd grün gefärbt. Mit einer kammartigen Struktur an ihren Vorderbeinen reinigen sie ihre Fühler.

GRABENDE MISTKÄFER

Wie viele Mistkäfer ernährt sich der Waldmistkäfer von Tiermist. Er gräbt 15 cm bis 200 cm lange Röhren unter Misthaufen, insbesondere unter Rinder- und Pferdemist, die in Kammern enden. Die Kammern werden von den Käfern mit Mist gefüllt. Im Gegensatz zu einigen anderen Mistkäfern rollen sie den Mist nicht zu Kugeln zusammen. Die Weibchen legen ihre Eier in oder in der Nähe des Dungs in der Kammer ab. Wenn die Larven schlüpfen, steht ihnen ein großer Nahrungsvorrat zur Verfügung.

Waldmistkäfer haben zum Graben gezähnte Vorderbeine.

SCHAUKELKÄFER

Wenn ein Waldmistkäfer auf dem Rücken liegt, schaukelt er von einer Seite zur anderen, bis er den Schwung hat sich umzudrehen. Mit zunehmendem Alter verlieren die Käfer jedoch diese Fähigkeit.

Kämpfende Käfer

Die Mandibeln der Hirschkäfer (Familie Lucanidae) ähneln dem Geweih eines Hirschs. Männliche Hirschkäfer kämpfen um die Möglichkeit sich zu paaren. Die Kämpfe finden oft in der Nähe von Eiablagemöglichkeiten statt, etwa an verrottenden Baumstümpfen.

1 Wenn sich zwei Männchen für dasselbe Weibchen interessieren, nähern sie sich einander, um die Größe und Stärke ihres Rivalen zu messen.

2 Wenn Drohungen nicht ausreichen, greifen die Käfer mit ihren Mandibeln an, wobei jeder versucht den anderen umzuwerfen, indem er ihn in der Mitte packt. Der Sieger lässt den Verlierer dann zu Boden fallen.

3 Auch wenn ein Käfer auf dem Rücken landen kann, führen diese Kämpfe selten zu Tod oder Verletzungen. Sie sind eher ein Kräftemessen, um eine Rangordnung für die Paarung festzulegen.

Offene Felder

Wenn landwirtschaftliche Flächen vernünftig bewirtschaftet werden, können Wildblumen und Tiere an ihren Rändern oder auf den Feldern selbst gedeihen.

Felder erkunden

Felder können ein großartiger Ort für die Beobachtung von Wildtieren sein. Wenn es keine öffentlichen Wegerechte gibt (siehe S. 40), müsst ihr jedoch die Erlaubnis des Besitzers einholen. Bleibt immer auf den Wegen oder an Feldrändern, um Schäden zu vermeiden. Erschreckt das Vieh nicht, lasst die Gatter so, wie ihr sie vorfindet, und meidet Felder, die vorher mit Herbiziden oder Düngemitteln besprüht wurden.

ERNTEZEIT
Die Mechanisierung hat zu mehr Anbauflächen, aber einem Verlust von Lebensraum für Wildtiere geführt.

MAULWURFSHÜGEL
Kleine Erdhaufen sind ein sicheres Zeichen dafür, dass Maulwürfe darunter nach Regenwürmern suchen.

Wildtiere

Eine umweltfreundliche Landwirtschaft kommt Insekten sowie Vögeln und Säugetieren zugute. Eine gute Möglichkeit, die Tierwelt auf dem Feld zu beobachten, ist ein windgeschützter Standort an einem Weg, wo ihr euch hinter einem Baum oder einer Hecke verstecken könnt. Benutzt ein Fernglas, um die Arten erkennen und bestimmen zu können. Wildblumen wie Mohn, Kornblumen und Acker-Stiefmütterchen können auf Äckern vorkommen – allerdings nur an den Rändern, wenn Herbizide ausgebracht worden sind.

ERDMAUS
Wühlmäuse sind kleine Nagetiere, die sich von Gräsern ernähren. Erdmäuse leben in weiten Teilen Europas auf Ackerland, Wiesen und Waldlichtungen.

ANPASSUNG

Sucht auf Feldern und in Hecken nach Bänderschnecken. Sie kommen in mehreren Farbformen vor. Man findet mehr dunkelschalige Schnecken auf braunen Blättern und mehr gelbliche Schnecken im Gras. Beide sind vor Fressfeinden, etwa Drosseln, gut getarnt.

HELLE FÄRBUNG

DUNKLE FÄRBUNG

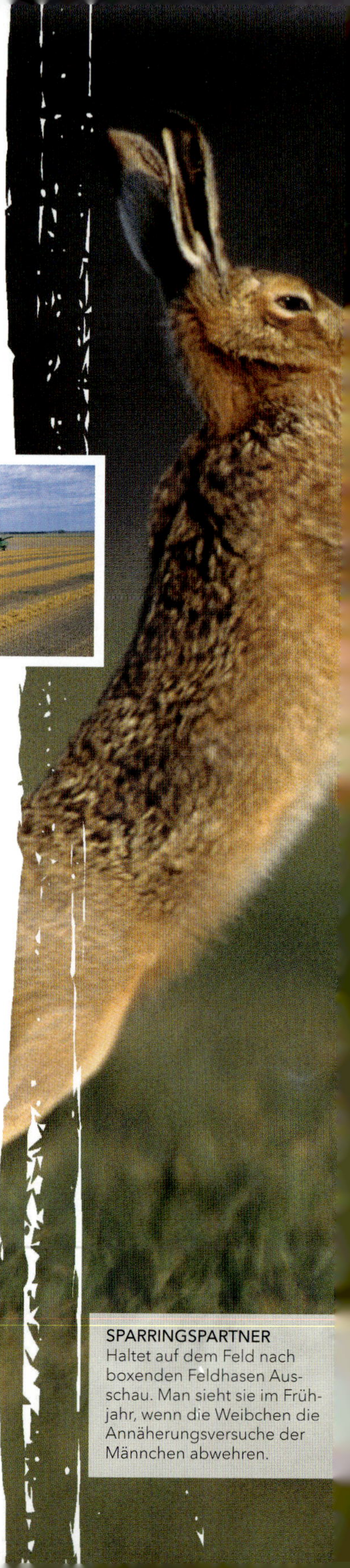

SPARRINGSPARTNER
Haltet auf dem Feld nach boxenden Feldhasen Ausschau. Man sieht sie im Frühjahr, wenn die Weibchen die Annäherungsversuche der Männchen abwehren.

Vögel der Felder

Viele Vögel nisten am Boden, darunter Feldlerche, Kiebitz, Grauammer und Rebhuhn. Sie sind auf ihren Nestern nur schwer zu erkennen. Haltet auch Ausschau nach Greifvögeln wie Turmfalken oder nach Schleiereulen. In Europa ist die Zahl der Feldbewohner rückläufig, ebenso wie die der Graslandbewohner in Nordamerika. Dies ist wohl weitgehend auf veränderte landwirtschaftliche Praktiken zurückzuführen. Es gibt jedoch eine Reihe von Maßnahmen, die dazu beitragen sollen, den Rückgang umzukehren. Dazu gehört die Bereitstellung nicht bewirtschafteter Flächen innerhalb von Feldern, in denen Vögel nisten und Nahrung suchen können, und die Aussaat von Wildblumen an Feldrändern, um Insekten anzulocken.

KIEBITZ
Vögel wie die Kiebitze brüten auf Äckern und Wiesen. Sie fressen Insekten und Würmer.

REBHUHN
Erwachsene Rebhühner ernähren sich von Getreide. Ihre Jungen fressen an den Feldrändern Insekten.

FASAN
Fasane werden zu Millionen gezüchtet und als Jagdwild freigelassen. Solche Zahlen wirken sich negativ auf die heimische Tierwelt aus.

Kuhfladen

Unbehandelter Rinderdung nützt über 200 Arten, weil er eine gute Nahrungsquelle für Würmer, Fliegen, Käfer und Springschwänze ist. Im Gegenzug leisten diese winzigen Lebewesen gute Arbeit bei der Beseitigung von Kuhfladen und der Rückführung der Nährstoffe in den Boden. Mistkäfer begrenzen auch die Zahl der schädlichen Fliegen auf den Weiden, indem sie sie in den Kuhfladen verdrängen. Leider schaden die den Kühen verabreichten Medikamente den Nutznießern des Dungs.

KUHFLADEN-GESELLSCHAFT
In Betrieben, in denen weniger Medikamente und Pestizide eingesetzt werden, kann man beobachten, wie männliche Gelbe Dungfliegen auf frischem Dung Reviere anlegen und auf Weibchen warten.

Eine intakte Gemeinschaft von Dunginsekten verarbeitet einen Kuhfladen innerhalb von 24 Stunden.

SPRINGSCHWANZ

DUNGFLIEGE

MIST-
KÄFER

Felder ganz nah

Felder sind weltweit sehr unterschiedlich und ihre Tierwelt hängt von der Art der Landwirtschaft ab. Wo auch immer ihr seid – haltet entlang der Feldränder nach Lebenszeichen Ausschau.

EDEL-
KASTANIE

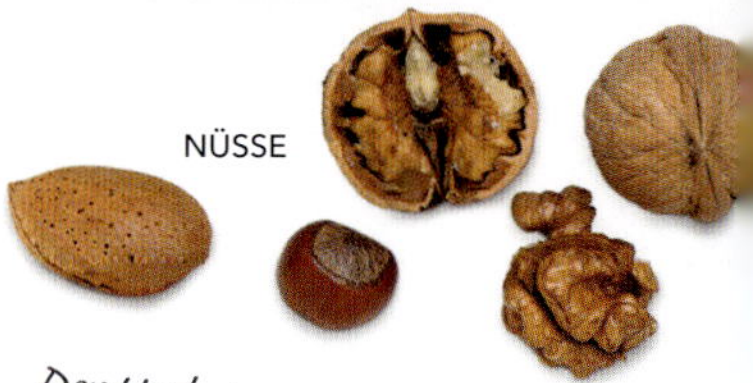

NÜSSE

Der Herbst bringt eine reiche Ernte von Früchten, Nüssen und Körnern.

DISTEL

Achtet im Frühjahr auf die Blüten und im Spätsommer auf die Samenstände.

GEWÖHN-
LICHE
WALDREBE

ECHTE
BETONIE

MAIS

KLETTEN-
KERBEL

WEIZEN-
ÄHREN

HOLZAPFEL-
BLÜTEN

Haltet auf Wiesen und in Hecken nach Schmetterlingen Ausschau.

Käfer ernähren sich manchmal von Blütenständen.

Sammelt Federn von Hühner- und Greifvögeln – stört aber niemals Nester.

Die Überreste von Tieren geben wertvolle Hinweise auf ihr Leben und ihren Tod.

Wälder

Ihr geht *über* Grasland oder Heide, aber *in* einen Wald. Er umhüllt euch und das ist ein bedeutender Unterschied: Hier gibt es viel mehr Möglichkeiten für das Leben, bestimmte Nischen zu nutzen. Daher beherbergen Wälder unsere reichste Artenvielfalt. Eine einzige Eiche kann die Lebensgrundlage für mehr als 1000 wirbellose Tierarten bilden. Wälder sind Orte, an denen die Beziehungen der verschiedenen Arten zueinander immer noch Überraschungen offenbaren. Doch Wälder – von der riesigen Taiga bis zum kleinen Wäldchen – können auch schwierig zu erforschende Lebensräume sein. Man wird ein Leben lang Geduld haben müssen, um ihre Geheimnisse zu lüften.

Alte Urwälder

Einige Wälder sind nahezu unverändert geblieben. In einem Hunderte von Jahren alten Wald kann man seltene Pflanzen finden, etwa Orchideen, die in Buchenwäldern auf Kalkböden wachsen. Vögel, etwa die Eulen, und Säugetiere passen sich gut an junge Wälder an, aber ältere Wälder beherbergen oft ein breiteres Spektrum an Tieren sowie spezialisierte Insekten und Pflanzen.

WALDKAUZ

GROSSER RINDENSPANNER

Laubwälder

Von den Tropen bis zu den gemäßigten Zonen – Laubwälder sind wunderschöne Lebensräume. Man findet die im Winter laubfreien Wälder vor allem in feuchten, kühlen Gebieten und in den Tropen in höheren Lagen.

BÄRLAUCH

Buchenwald

Buchenwälder leuchten im Frühjahr in einem satten Grün und erstrahlen im Herbst in prächtigen Farben. Das Blätterdach beschattet den Waldboden, sodass hier nur wenige Sträucher wachsen. Bärlauch und Pilze findet man jedoch auf dem Waldboden. Vögel singen in den Bäumen, Insekten tummeln sich in der Laubstreu und Eichhörnchen, Füchse und – wenn man leise ist – Dachse sind zu finden.

BUCHENBLATT

FINGERHUT

Parks

Parks sind in Europa größtenteils künstlich angelegt, oft rund um Herrenhäuser. Das Unterholz ist oft schwach oder gar nicht vorhanden. Daher gibt es nicht so viele Schmetterlinge und Waldblumen wie auf einer Heide oder Wiese. Alte, morsche Bäume ziehen jedoch Vögel wie Steinkäuze, Kleiber und Spechte sowie Insekten an, und man kann Säugetieren wie Rehen oder Eichhörnchen begegnen.

PFERDE-BREMSE

Gemäßigter Regenwald

Die gemäßigten Regenwälder an den Küsten Nordspaniens, Irlands, Schottlands und Norwegens sind noch stärker bedroht als die meisten tropischen Regenwälder. Doch sie sind sehr wertvoll: Sie sind oft uralt und bieten Frühlingsblumen oder Farnen einen Lebensraum, während offene Lichtungen an ihren Rändern ein dichtes Wachstum von Sträuchern fördern – allesamt Heimat für eine Vielzahl von Wildtieren.

SKABIOSEN-SCHECKENFALTER

ECHTE LUNGENFLECHTE

EICHENBLÄTTER UND EICHELN

BROMBEEREN

GROSSER SCHILLER-FALTER

Waldspaziergang

Ein Laubwald ist voller Sehenswürdigkeiten, Gerüche und Geräusche. Hohe Bäume schirmen euch von der vom Menschen geschaffenen Welt ab.

Der Charakter des Walds ändert sich mit jeder Jahreszeit, sodass ihr ihn das ganze Jahr über besuchen solltet. Im Frühling erwacht der Wald mit bunten Blumen, Insekten und Vögeln. Im Sommer stehen die Bäume in voller Blüte, bieten in den Baumkronen Nahrung für Insekten und spenden dem Waldboden Schatten. Haltet im Herbst Ausschau nach Pilzen und den Blättern der Laubbäume, die sich in wunderschönen Gelb-, Orange- und Rottönen verfärben. Im Winter ist die Laubstreu immer noch voller Leben.

Haltet nach Vögeln und Eichhörnchen in den Bäumen Ausschau!

Achtet auf abgebrochene Äste, die Nahrung für Insekten bieten. Ihre hinterlassenen Lücken lassen Sonnenlicht einfallen.

Durchsucht verrottendes Laub, um einen Lebensraum winziger Pflanzen und Tieren zu finden.

BUCH-ECKER

SALOMONS-SIEGEL

HABICHTSKRAUT

BUCHEN-
BLATT IM
HERBST

Sucht nach Löchern in Bäumen – hier nisten viele Vögel.

WOLFSSPINNE

Die Blätter verstecken Vögel und Eichhörnchen, doch man hört ihre Rufe.

HIRSCHZUNGENFARN

Der Farn gedeiht dort, wo das Sonnenlicht bis zum Boden reicht.

BLÜHENDES
MOOS

Platz zum Leben

Von der Wurzel bis zur Krone bieten Bäume einen Lebensraum für Tiere und vergrößern so die nutzbare Fläche eines Walds.

Vielzahl von Lebensräumen

Bäume sind voller Leben. Sie bieten Nahrung und Unterschlupf für große und kleine Tiere, von den mikroskopisch kleinen Organismen in den verrottenden Blättern bis zu den Vögeln in den Ästen. Jeder Baum umfasst eine Vielzahl von Nischen auf jeder Ebene – je größer der Wald, desto größer die Vielfalt. Da die Pflanzen voneinander abhängig sind, funktioniert der Wald ähnlich wie ein einzelnes Lebewesen. Jede Art ist für ihr Überleben auf eine andere angewiesen. Die Grundlage dieser Kette ist der Boden.

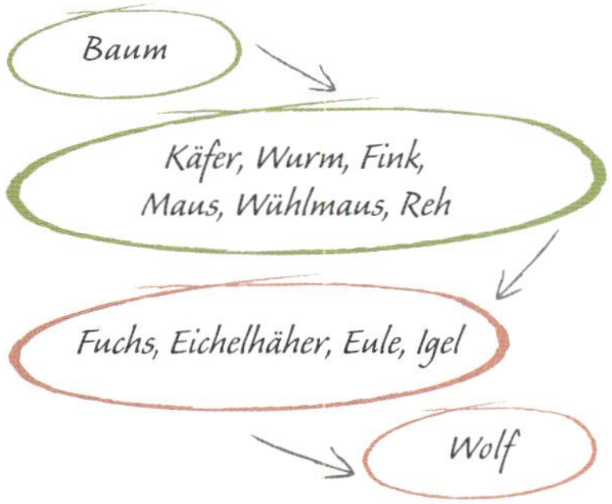

NAHRUNGSKETTE
Die Pflanzen liefern genug Nahrung für drei Arten von Konsumenten: kleine Pflanzenfresser, Fleischfresser und große Allesfresser.

BÄUME VERMESSEN

Die Vermessung eines Baums sowie das Zählen seiner Jahresringe können mehr als nur seine Größe und sein Alter angeben – sie können auch Aufschluss darüber geben, wie die Umweltbedingungen im Lauf der Jahre waren. Die Jahresringe dieses Baums liegen nicht in der Mitte – vermutlich war eine Seite rauen Bedingungen und dem Wind ausgesetzt.

SCHNITT DURCH EINEN BAUM

UMFANG
Der Umfang eines Baums nimmt in jedem Jahr zu. Messt mit einem Maßband in mindestens 1,5 m Höhe über dem Boden. Führt Buch und vergleicht die Werte über mehrere Jahre hinweg, um zu sehen, wie schnell der Baum wächst.

Stockwerke

BLAUER EICHEN-ZIPFELFALTER

5 BAUMKRONEN
Die Baumkronen lassen je nach Baumart unterschiedlich viel Licht durch. Vögel, Schmetterlinge, Marder und Siebenschläfer wählen verschiedene Stockwerke. Vögel wie etwa die Drosseln fressen und singen in der Baumkrone, nisten aber in den unteren Etagen. Schmetterlingsraupen suchen Nahrung in den Baumkronen, während die erwachsenen Tiere weiter unten an den Blüten Nektar trinken.

MISTELDROSSEL

EICHHÖRNCHEN

Formen der Bäume

Bäume können ungewöhnliche Formen entwickeln, vor allem unter harten Bedingungen. Achtet auf niedrige, knorrige Bäume in großen Höhen, windigen Gebieten oder auf schlechten Böden. In dichten Wäldern wachsen sehr hohe und gerade Bäume, während Bäume an der Küste sich von den Winden wegbiegen, da sich die Äste auf der exponierten Seite schlechter entwickeln. Sind Rinde, Blätter und Äste bis zu einer bestimmten Höhe abgetragen, kann es sich um Wildverbiss handeln.

FORMEN DER BÄUME
Der Umriss eines Baums kann bei der Artbestimmung helfen. Jede Art hat ihre eigene charakteristische Form, die sich aus der Anzahl und Dicke der kleineren Äste und dem Winkel ergibt, in dem sie von den Hauptästen ausgehen.

BREIT SÄULENFÖRMIG (EDELKASTANIE)

AUSLADEND (BUCHE)

KONISCH (ERLE)

SCHLANK HERABHÄNGEND (HÄNGE-BIRKE)

KEGELFÖRMIG (STECHPALME)

AUSLADEND UND KNORRIG (TRAUBEN-EICHE)

SÄULENFÖRMIG BIS AUSLADEND (VOGELKIRSCHE)

SCHLANK (HAINBUCHE)

4 UNTERHOLZ
Unter den Bäumen wachsen Sträucher und Jungpflanzen, wie die Stechpalme unter der Eiche.

SCHNEEBALL

3 KRAUT
Kräuter und niedrige Pflanzen, Farne und Moose bilden eine bodennahe Schicht.

AKELEI

2 LAUBSTREU
Das verrottende Laub bildet die Laubstreu, ein eigener Lebensraum für die Tierwelt. Besonders reichhaltig ist die Laubstreu von Eichen und Platanen.

1 BODEN
Humus aus verrottendem Laub und totem Holz vermischt sich mit Mineralien und bildet den Boden.

REGENWURM

Blätter

Blätter wandeln die Sonnenenergie in Pflanzenmasse um – die Grundlage allen Lebens auf dem Festland.

Wie Blätter funktionieren

Pflanzen erzeugen Nährstoffe durch Fotosynthese. Das Chlorophyll der Blätter nutzt das Sonnenlicht, um Kohlendioxid und Wasser in Zucker umzuwandeln. Spaltöffnungen nehmen Kohlendioxid auf und Wasser verdunstet. Der Pflanzensaft steigt nach oben und saugt über die Wurzeln Wasser auf (Transpiration).

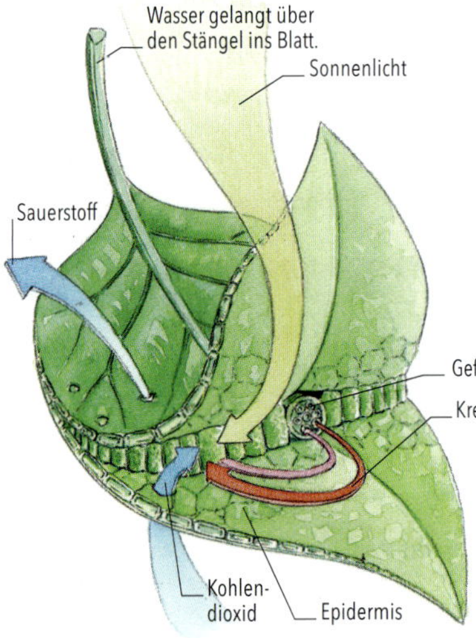

BLATTADERN

ERNÄHRUNG DER BÄUME
Sonnenlicht und Kohlendioxid gelangen zum Blatt, in dem Wasser durch das Gefäßsystem zirkuliert. Sauerstoff entsteht als Nebenprodukt der Fotosynthese.

CHLOROPHYLL

Chlorophyll ist ein wichtiges Pigment der Pflanzen. Es ist für das Grün der Pflanzen verantwortlich, da es hauptsächlich blaues und rotes Licht absorbiert und grünes Licht reflektiert. Chlorophyll ist für die Fotosynthese unerlässlich. Im Winter, wenn die Tage kürzer sind, ist die Fotosynthese jedoch nicht mehr so effizient. Den Blättern wird Chlorophyll entzogen, sodass sie sich orange-braun färben. Die Bäume werfen die Blätter ab und leben bis zum Frühjahr von der gespeicherten Stärke.

BLATTOBERFLÄCHE
Eine wachsartige Kutikula und Härchen verringern den Wasserverlust. Alte Blätter verlieren diese Funktionen.

Blattstruktur

Nadelbäume tragen ihren Namen wegen ihrer nadelähnlichen Blätter, während die Blätter von Laubbäumen eine breitere Blattspreite mit Blattadern aufweisen. Ein Stiel sorgt für ihre Beweglichkeit.

Blattform

Blätter können einfach oder aus mehreren Fiederblättchen zusammengesetzt sein, palmat (handförmig) und pinnat (mehrere Fiederblättchen in einer Reihe). Zähnchen, Kerben, Spitzen und Lappen fördern das Sammeln und Versickern von Wasser.

ELLIPTISCH

TRÄNENFÖRMIG

NIERENFÖRMIG

LANZETTLICH

ZUSAMMENGESETZT

HERZFÖRMIG

Anordnung

Achtet auf die Anordnung der Blätter. Einige stehen einzeln, andere sind in Gruppen angeordnet. Wenn sie Stängel haben, können sie einander gegenüberstehen oder sich abwechseln.

GEGENSTÄNDIG

GEBÜNDELT

ABWECHSELND

Farbvariationen

Einige Blätter haben ein rotes Pigment, das das Chlorophyll überlagert. Andere haben gelbe Pigmente oder erscheinen fast weiß. Absterbende Blätter im Herbst produzieren Zucker, der als rotes Pigment eingeschlossen wird.

HERBSTLAUB (ROT-AHORN)

KONTRAST (SILBER-AHORN)

NEUE BLÄTTER (KIRSCHE)

DEUTLICHE ADERN (RAULI-SCHEINBUCHE)

HELLE UNTERSEITE (PAPPEL)

PANASCHIERT (SPITZAHORN)

Ränder und Oberfläche

Wachsartige Blätter vertragen trockene Bedingungen, doch andere haben eine raue Oberfläche. Die große Vielfalt der Blätter ist an unterschiedliche Lebensräume angepasst.

GEWELLT (BUCHE)

GELAPPT (EICHE)

GROB GEZÄHNT (HAINBUCHE)

STACHLIG (STECHPALME)

GEZÄHNT (BIRKE)

GESÄGT (ULME)

SCHWARZWALD

Der Schwarzwald in Deutschland ist einer der besten Orte, um einen schönen Herbst zu erleben. Die meisten Blätter werden etwa sechs Monate alt. Ein großer, ausgewachsener Baum kann etwa 250 000 Blätter haben. Kalte Nächte verringern den Zuckertransport in den Gefäßen des Baums und es verbleibt Zucker in den Blättern. Zusammen mit dem Mangel an Chlorophyll führt dies zu den Rot- und Gelbtönen eines prächtigen Herbstlaubs.

Buchen zeigen im Herbst die schönsten Farben.

Jahreszeiten

Ein neues Blatt ist meist hellgrün. Durch die Auswirkungen von Wind und Regen sowie Temperaturschwankungen wird das Blatt stumpfer und dunkler, bis es sich schließlich zu zersetzen beginnt. Versucht die Blätter einer Pflanze über das ganze Jahr hinweg zu fotografieren, um die Farben im Jahresverlauf zu vergleichen.

LEBENSZYKLUS
Die meisten Blätter sind anfangs hellgrün, verändern aber ihre Farbe, wenn sie altern.

Waldboden

Der Waldboden überwältigt im Frühjahr durch Blüten und kann im Herbst ein Bild des Verfalls bieten – doch voller Leben sein.

Erkundung der Laubstreu

Die Laubstreu enthält Insekten, Spinnen und Salamander, die von größeren Tieren wie Dachsen, Drosseln und Waldschnepfen erbeutet werden. Die Bestimmung der Flora und Fauna in der Laubstreu ist etwas für Spezialisten, aber ihr könnt euch einen Überblick verschaffen, was in eurem heimischen Wald alles vorkommt.

SPURENSUCHE
Kot oder Zahnabdrücke auf Samenkörnern geben Hinweise auf die Bewohner eines Walds.

SCHLEIMSPUR
Schnecken bewegen sich auf einem muskulösen Fuß. Schleim verringert die Reibung und schützt vor scharfen Oberflächen.

INSEKTENJÄGER
Insektenfresser wie diese Zwergspitzmaus sind in der Laubstreu zu finden, die reich an Insekten, Würmern und Spinnen ist.

FEUCHTE LEBENSRÄUME
Salamander wie dieser Feuersalamander, der in weiten Teilen Europas vorkommt, brauchen eine feuchte Umgebung, um zu überleben.

EIN FANGGERÄT BENUTZEN

Das Fanggerät hat einen kurzen Schlauch mit Gaze an einer Seite und einen langen offenen Schlauch an der anderen. Stülpt das lange Rohr über ein Insekt und saugt dann kräftig an dem kurzen Rohr. Das Insekt wird in den Zylinder gesaugt. Die Membran verhindert, dass ihr es in den Mund bekommt. Saugt immer am richtigen Schlauch!

KÄFERSAMMLER
Mit dem Fanggerät könnt ihr Insekten fangen, sie bestimmen und unverletzt wieder freilassen.

Waldblüten

Blütenpflanzen haben es nicht leicht: Bäume entziehen dem Boden viel Wasser und werfen ihren Schatten auf den Waldboden. Die Pflanzen können aber mit solchen Problemen umgehen. Einige, wie Primeln, Sauerklee und Busch-Windröschen, blühen in Europa sehr früh, bevor die Bäume ihre Blätter bekommen. Andere, wie die Schuppenwurz und verschiedene Orchideenarten, parasitieren andere Pflanzen. Viele wachsen einfach an den sonnigen Waldrändern oder -lichtungen.

BLUMENTEPPICH
In Europa bedeckt das Hasenglöckchen die Waldböden. Wie das Scharbockskraut blüht es im zeitigen Frühjahr.

BODEN ERSCHAFFEN
Ein Querschnitt durch die Laubstreu und die obere Bodenschicht zeigt die Tiere und Pflanzen, die die Laubstreu verarbeiten.

Natürliches Recycling

Die Welt der verrottenden Bäume und Blätter scheint tot zu sein, ist aber voller winziger Tiere, von denen viele nicht mit dem bloßen Auge zu erkennen sind.

Auch sogenanntes Totholz wie dieser verrottende Stamm ist lebendig und wichtig. Die Nährstoffe, die das Leben im Wald ermöglichen, werden hier abgebaut, recycelt und verfügbar gemacht. Wenn ihr euch die Zeit nehmt, das Holz zu untersuchen, werdet ihr eine Vielzahl von Lebewesen – Insekten, Moose, Flechten, Pilze und Farne – finden, die von diesem Zerfall profitieren und einen wichtigen Beitrag zum Leben im Wald leisten. Sie bereichern den Boden, der von den Pflanzen genutzt werden kann.

FLECHTEN UND BAKTERIEN
Sowohl Bakterien als auch Flechten (Gewächse aus Algen und Pilzen) gedeihen im Schatten.

HUNDERTFÜSSER
Die Haut eines Hundertfüßers verliert Feuchtigkeit. Daher lebt dieser Räuber an feuchten, geschützten Orten.

Der Hohlraum kann ein Heim für Bienen und Wespen werden, auch wenn er von anderen Insekten stammt.

Lockere Borke sorgt für Schutz und Nahrung.

Efeu bietet Schutz und seine Beeren liefern im Winter Nahrung.

INSEKTENLARVEN
Einige Fliegen- und Käferlarven leben in verrottendem Holz, andere ernähren sich von den hier lebenden Pilzen.

BOCKKÄFER
Die Larven einiger Käfer (hier ein Bockkäfer) leben im Totholz, wo sie geschützt sind und sich vom verrottenden Holz ernähren.

Stechpalmen wachsen im Schatten von Eichen. Achtet auf Jungpflanzen!

TOTHOLZ BEOBACHTEN

Ein abgestorbener Baumstamm bietet viele Jahre lang einen Lebensraum für Tiere. Er wird jedoch im Lauf der Zeit von anderen Arten genutzt. Das ist die perfekte Gelegenheit, die Entwicklung eines Ökosystems zu beobachten. Führt ein Logbuch mit Notizen, Listen der Tiere und Fotos – am besten immer vom gleichen Standort – über mehrere Jahre hinweg.

GERADE GEFALLEN
Ein frischer Stamm ist eine Herausforderung. Schwachstellen werden von Käferlarven und Pilzsporen genutzt.

NACH EINEM JAHR
Die Borke löst sich auf, die Zweige werden brüchig. Moose, Flechten, Pilze und Pflanzen erscheinen und Larven, Tausendfüßer und Ameisen gedeihen hier nun.

NEUES LEBEN
Der Stamm zerbricht, während Pflanzen, Moose, Flechten, Insekten, Spinnen, Asseln und Vögel in und um ihn herum gedeihen.

SPINNENNETZ
Manche Spinnen spannen ihre Netze über Baumstümpfe und -stämme, anstatt die üblichen Radnetze anzulegen.

MOOS
Ein verrottender Baumstamm in einem Waldgebiet ermöglicht das Gedeihen vieler Moosarten.

In der Borke

Die Borke schützt nicht nur den Baum, sondern ist auch ein Lebensraum für Insekten, Vögel und andere Wildtiere.

Untersuchung der Borke

Auf der Borke könnt ihr Insektenspuren, Bohrlöcher und Hohlräume finden, die Vögeln und Spinnen ein Zuhause bieten. Einige Insekten legen ihre Eier in der Borke ab, weil sie die Larven im Winter schützt und ein gutes Versteck vor Fressfeinden bietet. Vögel wie die Baumläufer und Spechte ernähren sich von Insekten in und auf der Borke oder legen hier Futtervorräte an. Vielleicht findet ihr auch einen gut getarnten Nachtfalter, der sich auf einem Ast versteckt. Ob leuchtend bunt, abblätternd oder poliert, schuppig, glatt oder verholzt – die Borke ist ein Ökosystem für sich.

BORKENKÄFER
Unter loser Borke kann sich ein Linienmuster befinden. Das ist kein abstraktes Kunstwerk, sondern das Werk von Käferlarven, die unter der Borke ihre Gänge graben.

LÖCHER
Kleine Löcher in einem Baumstamm deuten auf einen Specht hin – in diesem Fall einen Weißrückenspecht, der nach Larven sucht.

MONDVOGEL

NACHTFALTER
Einige Nachtfalter fallen auf Bäumen auf, andere wirken wie Borke.

BAUMPILZ
Dieser Pilz wächst unter der Borke und entzieht dem Baum Nährstoffe.

1

2

3

4

5

6

Borkentypen

Die Borke ist bei Birken nur eine dünne Schicht, während sie bei Nadelbäumen bis zu 30 cm dick sein kann. Während der Baum wächst, bildet eine dünne innere Schicht, das Kambium, ständig neue Rinde (Bast und Borke). Das Kambium wächst in Schichten (glatte Borke) oder in Bögen (rissige Borke). Untersucht die Farben, Strukturen und Muster, und ihr werdet bald erkennen, dass jede Baumart eine für sie charakteristische Borke hat.

1 Die Borke des Zimt-Ahorns hat viele verschiedene Schichten.

2 Die Borke der Vogelkirsche ist geringelt.

3 Die Rinde des Florettseidenbaums ist dornig.

4 Der Streifen-Ahorn verdankt seinen Namen seiner Rinde.

5 Die Stieleiche hat eine raue und tief zerklüftete Rinde.

6 Die Rinde der Edelkastanie bekommt spiralförmige Rillen.

7 Die Borke der Birke besitzt erhabene Poren (Lentizellen).

8 Die Borke des Bergahorns wird graubraun und schuppig.

9 Flecken und Vertiefungen zeichnen die Stechpalmenborke.

10 Die Borke der Buche wird später fleckig und rissig.

11 Platanen haben eine glatte Rinde, die abblättern kann.

12 Die Chinesische Birke hat eine Borke mit Lentizellen.

BORKENABREIBUNGEN

Ihr könnt verschiedene Borken untersuchen, indem ihr Abreibungen mit einem Wachsstift oder Holzkohle macht. So könnt ihr Muster erkennen, ohne dass Oberflächenfarben, Moos oder andere Dinge euch davon ablenken. Legt eure eigene Sammlung an, um die Vielfalt der Bäume zu dokumentieren, die ihr in eurer Umgebung entdeckt habt.

BORKEN-ABREIBUNG

7

9

11

8

10

12

Blick nach oben

Die meisten von uns vergessen den Blick nach oben zu richten. Ein Blick in den Himmel bringt eine weitere Ebene des Walds zum Vorschein.

Bestäubung

Viele Bäume können durch Ableger eine identische Version ihrer selbst erzeugen. Andere Pflanzen tauschen ihre Gene mit denen einer anderen Pflanze ihrer Art aus, wodurch genetisch unterschiedliche Nachkommen entstehen. Die Bestäubung erfolgt durch Insekten, durch Vögel oder durch den Wind. Wenn ihr in einem Wald nach oben schaut, könnt ihr die Bestäubung oft in Aktion sehen.

ZWEIHÄUSIGE PFLANZEN
Männliche und weibliche Blüten befinden sich an getrennten Lorbeerpflanzen. Nur die weiblichen tragen Früchte.

STECHMÜCKE

GETRENNTE BLÜTEN
An jedem Faulbaum befinden sich männliche und weibliche Blüten, die von Stechmücken bestäubt werden.

Früchte des Walds

Wälder sind voller Samen, Nüsse, Beeren und Früchte, die verschiedenste Tiere ernähren, von den kleinsten Vögeln bis zu den größten Bären. Die Tiere helfen den Pflanzen, indem sie die Samen in ihrem Verdauungstrakt transportieren und sie an einem anderen Ort abgeben. Eichelhäher und Eichhörnchen vergraben Eicheln, um sie später zu fressen, und tragen so zur Verbreitung von Eichenwäldern bei.

SAUERKIRSCHE

WALNUSS

Esst niemals unbekannte Nüsse oder Beeren – sie können giftig sein!

SÜSSIGKEIT
Saftige Beeren enthalten Zucker und Nährstoffe, die sie für Bären unwiderstehlich machen.

EICHELN

ENTSPANNEN UND ZUHÖREN
Das Leben in den Baumkronen lässt sich am besten im Liegen beobachten. Nehmt euch Zeit, beobachtet das Geschehen und lauscht dem Gesang der Vögel.

Pflanzengallen

Einige Pflanzen können seltsam geformte Wucherungen aufweisen. Diese Gallen werden als Reaktion auf Parasiten, wie Pilze, Bakterien, Insekten und Milben gebildet. Insektenlarven finden in Gallen Nahrung und Schutz. Manche Larven (Minierer) legen Tunnel an, indem sie sich von den Zellen zwischen der Ober- und Unterseite der Blätter ernähren.

GALLWESPEN
Diese Marmorgallwespe erzeugt Gallen an Eichen. Gallwespen sind winzig und haben meist glänzende rotbraune oder schwarze Körper.

GALLEN
Die meisten Gallen werden von Wespen erzeugt – in diesem Fall rote Gallen auf der Blattunterseite.

Eichengalle, hervorgerufen durch Gallwespen

Fraßgänge minierender Larven

MINIERER
Einige Raupen, etwa die der Rosskastanienminiermotte, verletzen die Blätter, verursachen aber keine dauerhaften Schäden an den Bäumen.

WIRBELLOSE BESTIMMEN

Wenn ihr mehr über die Vielfalt der Wirbellosen herausfinden wollt, die in einem gesunden Baum oder Gebüsch leben, legt ein weißes Laken oder eine feste weiße Tafel auf den Boden. Schüttelt dann vorsichtig die Äste darüber, um Insekten, Spinnen, Milben und andere Tiere dazu zu bringen, sich auf das Laken oder die Tafel fallen zu lassen. Achtet auf herabfallende Äste! Bestimmt, was ihr finden könnt, notiert alles und lasst die Tiere dann in ihren Lebensraum zurückkehren.

Waldvögel

Vögel gehören zu den lebhaftesten und farbenprächtigsten Waldbewohnern, doch können sie bei der geringsten Störung schnell wegfliegen.

Chor des Walds

Viele Vögel des Walds verstecken sich im Laub und einige sind im Sommer sehr still. Um die Vögel von ihrer besten Seite zu hören, solltet ihr versuchen sie im Frühling in der Dämmerung zu hören (siehe Tafel unten). Vögel singen oder rufen aus verschiedenen Gründen – um ihr Revier zu verteidigen, Rivalen abzuwehren, einen Partner zu finden, vor einem Raubtier zu warnen oder ihre Küken zu locken. Mit der Zeit könnt ihr nicht nur die Rufe der verschiedenen Arten, sondern auch die Art der Rufe unterscheiden.

VOGELSTIMMEN AUFNEHMEN

Hört euch CDs mit Vogelstimmen an, um euch auf den Einsatz im Freien vorzubereiten. In Bestimmungsbüchern werden Vogelstimmen in Wörter wie »tik«, »tschak« und »tschuk« umgewandelt, die bei der Identifizierung hilfreich sind. Versucht eigene Notizen zu machen, wenn ihr unterwegs seid – seid kreativ bei euren Beschreibungen.

TRANSKRIPTION
Bei der Transkription werden Linien verwendet, um Tonhöhenunterschiede anzuzeigen.

LIEBLICHER GESANG
Im Frühjahr singen die männlichen Gartenrotschwänze vom ersten Licht an. So verteidigen sie ihr Revier.

CHOR DER MORGENRÖTE

Dieser Chor ist im Frühjahr am schönsten, wenn die Männchen Weibchen anlocken und Rivalen abwehren. Ihr müsst früh aufstehen – manchmal schon um 4 Uhr morgens. Sucht euren Standort am Vorabend aus, denn Vögel wie Amseln wählen ihren Platz oft schon in der Abenddämmerung. Bleibt ruhig, tragt keine grellen Farben und genießt den Auftritt.

Vögel des Walds

TRAUERSCHNÄPPER
Diese Sommergäste kommen aus Afrika in die europäischen Wälder und nisten in Baumhöhlen oder Nistkästen.

DOHLE
Die Dohle ist ein Rabenvogel mit hellem Auge und schwarzer Kappe. Sie ist in der nördlichen Hemisphäre verbreitet, wo man sie oft an alten Gebäuden, in Wäldern oder an Klippen findet.

KERNBEISSER
Der Kernbeißer ist ein versteckt lebender Vogel. Er hat einen Schnabel, der sogar stark genug ist, um Kirschkerne damit zu knacken.

Nisten

Vogelnester sind keine Wohnungen – sie dienen der Brut und der Aufzucht der Küken. Ihr könnt viel aus den Nestern lernen, dürft aber niemals brütende Vögel stören. Die Anzahl der Eier, die Anzahl der Gelege und die Überlebensrate der Küken liefern wichtige Daten über die Gesundheit der Vogelpopulationen.

SINGDROSSELNEST

ROTSCHWANZNEST

BAUMATERIAL
Die Nester variieren von Mulden in der nackten Erde bis hin zu Konstruktionen mit komplizierten Strukturen aus Zweigen (oben), Wurzeln und Gräsern, ausgekleidet mit Haaren, Moos oder Federn.

Vogelzug

In der nördlichen Hemisphäre ziehen die Vögel im Frühjahr nach Norden, um ein Überangebot an Nahrung zu nutzen, und kehren im Herbst in den Süden zurück, wo sie sich oft das Winterquartier mit dort gebliebenen Arten teilen. Gänse reisen in Familien und lernen Routen, doch Kuckucke ziehen allein. Ihnen sind die Strecken angeboren (siehe S. 15).

SOMMERGAST
Der Waldlaubsänger lebt während des Sommers in europäischen Laubwäldern. Er überwintert im tropischen Afrika.

VERTEIDIGUNG
Das Rotkehlchen, das in ganz Europa verbreitet ist, verteidigt mit seinem kunstvollen Gesang sein Revier, indem es Rivalen abschreckt.

RINGELTAUBE
Diese Taube ist ein großer und häufiger europäischer Vogel. In landwirtschaftlich genutzten Gebieten wird sie vertrieben und ist scheu, in Stadtparks jedoch oft zahm.

BUCHFINK
Ein farbenfroher Fink, der in Wäldern, Parks und Gärten vorkommt. Das Weibchen hat die gleichen weißen Flügelflecken, ist aber weniger rosa als das hier gezeigte Männchen.

ZILPZALP
Dieser kleine Vogel ist unscheinbar, kann aber am Gesang identifiziert werden, der ihm den Namen gegeben hat.

Laubwälder ganz nah

Laubwälder beherbergen eine enorme Vielfalt an Lebewesen – darunter viele Samenpflanzen, Säugetiere, Insekten und Vögel –, die sich je nach Verbreitungsgebiet und Jahreszeit unterscheidet. Lernt euren heimischen Wald gut kennen, Monat für Monat.

Nüsse und Samen reifen im Herbst.
ROTAHORN-SAMEN
BERGAHORN-SAMEN
EDELKASTANIE
Das Laub spendet im Sommer Schatten und bedeckt im Herbst den Boden.
BIRKEN-BLÄTTER
PAPIERBIRKEN-BLÄTTER UND -KÄTZCHEN
ROSS-KASTANIE
GEMEINE SCHMERWURZ
EICHEN-BLÄTTER
GEMEINER ORANGEBECHERLING
MORCHEL
HASELNÜSSE
EICHELN
Viele Pilze leben in Symbiose mit Bäumen und sind an deren Wurzeln zu finden.
FLIEGENPILZ
GRASFROSCH
HALLIMASCH
Amphibien leben in der Nähe von Waldtümpeln oder morschem Holz.
FEUER-SALAMANDER

Das Jahr im Wald

Wenige Orte verdeutlichen die Jahreszeiten so gut wie die Laubwälder – Farben, Geräusche und Gerüche sorgen für immer neue Eindrücke.

JUNGTIERE
Im Sommer ziehen die Säugetiere ihre Jungen auf. Manchmal sieht man Jungfüchse beim Spiel.

Die Veränderungen beobachten

Schärft eure Sinne und achtet auf die Besonderheiten der Jahreszeiten im Wald. Im Frühjahr könnt ihr am besten den Vögeln zuhören und das üppige Grün im Sommer ist ideal zur Pflanzenbestimmung. Der Herbst riecht nach Falllaub und Pilzen, während die Ruhe des winterlichen Walds zu ausgedehnten Spaziergängen einlädt.

Frühlingsblüten sorgen im Herbst für Früchte.

KIRSCHBLÜTE

1 Das Frühjahr ermöglicht neues Leben. Die längeren Tage sorgen dafür, dass mehr Sonnenlicht die Bäume durchdringt. Blütenpflanzen gedeihen nun, bevor die Baumkronen zu viel Schatten werfen.

2 Im Sommer geht es ruhiger zu, da die Tiere von der Balz und von den Revierkämpfen zur Versorgung ihrer Familien übergehen. Nun beobachtet man eher Farne und Flechten als Blütenpflanzen.

Versucht Insektenlarven zu entdecken – viele sind auf den Blättern gut getarnt.

GRÜNFUTTER
Raupen ernähren sich im Sommer vom üppigen Grün.

NAHRUNG SUCHEN
Wildschweine suchen im Boden nach Wurzeln und Wirbellosen.

NEUE TRIEBE
Die längeren, wärmeren Frühjahrstage bringen mehr Licht und verleihen Pflanzen wie dieser Hasel die Energie für neue Triebe.

KRÖTEN IM FRÜHJAHR

Erdkröten verbringen den Winter im Boden und kommen im Frühjahr heraus. Im März versammeln sie sich in flachen Tümpeln, in denen die Weibchen geleeartige Laichschnüre abgeben, die drei oder vier Reihen schwarzer Eier enthalten – ganz anders als der ungeordnete Laich der Frösche. Krötenkaulquappen bilden oft Schwärme und sind dunkler als die der Frösche.

RUND UM DIE JAHRESZEITEN

Lernt einen bestimmten Waldabschnitt (vielleicht auch nur einen einzelnen großen Baum) gut kennen, indem ihr diesen Bereich das ganze Jahr über besucht und beobachtet. Er sollte in der Nähe liegen, damit ihr in jeder Woche hingehen könnt. Notiert alles, was neu ist oder sich verändert hat, und macht Fotos, die ihr am Ende des Jahres miteinander vergleicht. Bestimmt und zählt die Bäume in eurem Waldstück und notiert die Blütezeit. Achtet auf den Gesang der Vögel, nehmt ihn auf und identifiziert die Arten. Achtet auf Insekten, Pilze und andere Lebewesen des Waldbodens.

Ohrwürmer überstehen den Winter im Boden eingegraben.

IN DER KÄLTE
Viele Säugetiere wie die Dachse bleiben im Winter aktiv.

3 Im Herbst steht die Sonne tiefer, sodass weniger Licht in den Wald fällt. Die Zahl der Insekten geht zurück und die Zugvögel fliegen davon, doch die Fülle an Nüssen, Samen und Beeren veranlasst einige Arten zu bleiben und Vorräte für den Winter anzulegen.

ERNTE IM HERBST
Nagetiere wie die Gelbhalsmaus horten im Herbst Beeren, Nüsse und Insekten, bevor die Nahrung im Winter knapp wird.

Achtet auf Schmetterlinge, die sich im Gebüsch und Totholz verstecken.

FATALER FROST
Wenn es kalt wird, überwintern manche Schmetterlinge, doch andere sterben.

4 Um den Winter im Wald zu überleben, halten manche Tiere einen Winterschlaf, während Vögel sich in gemischten Gruppen in Sicherheit bringen. Durch das fehlende Laub sind die Tiere leichter zu finden. Achtet auch auf Spuren in Schlamm und Schnee.

WINTERGRÜN
Im Winter sieht man die grünen Misteln in den Bäumen.

Lebenszeichen

Säugetiere sind im Wald manchmal schwer zu beobachten, doch das Auffinden von Höhlen, Nestern und Spuren ist meistens viel einfacher.

Spuren

Spuren im Schlamm können einige Tage lang überdauern, doch im Schnee sind sie oft kurzlebig. Die Abdrücke konservieren auch Details der Struktur einer Pfote. Spuren im Schnee sind weit weniger genau, es sei denn, sie sind in einer dünnen Neuschneeschicht entstanden. Achtet auf Abdrücke und Spuren in der Nähe von schlammigen Pfützen, auf nassen Waldwegen oder in der Nähe von Flüssen und Bächen.

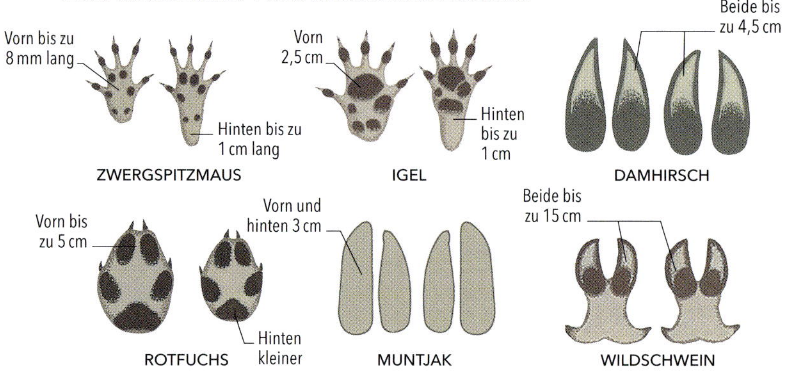

FUSSABDRÜCKE
Einzelne Fußabdrücke (hier nicht maßstabsgetreu) reichen oft aus, um ein Tier zu identifizieren. Eine vollständige Spur kann verraten, was das Tier vorhatte, als es die Fährte legte, etwa sich an eine Beute anzupirschen.

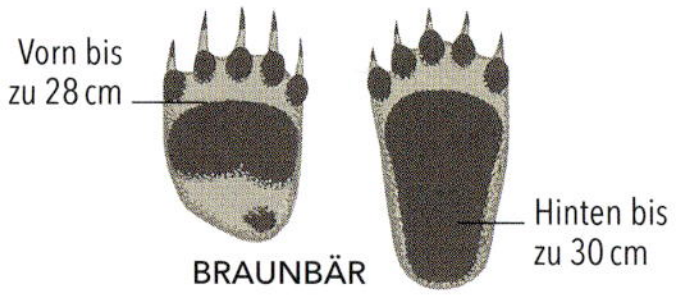

EINEN GIPSABDRUCK MACHEN

Gute Spuren sind es wert, aufbewahrt zu werden. Fotografien sind wertvoll, aber es ist informativer, einen Gipsabdruck zu machen. Besprüht den Abdruck zunächst mit Öl, etwa Speiseöl, und umgebt ihn dann mit einem Holz-, Plastik- oder Pappstreifen, damit der Gips nicht wegfließen kann. Gießt vorsichtig flüssigen Gips über den Abdruck. Wenn er ausgehärtet ist, hebt ihn ab. Ihr habt nun einen negativen Abdruck. Ihr könnt dann einen zweiten Abdruck von ihm machen, um den ursprünglichen positiven Abdruck zu erhalten.

DACHSSPUR UND ABDRUCK
Dieser breite Abdruck eines Dachsfußes wurde für zukünftige Studien in einem Gipsabguss festgehalten.

1

4

5

Rastplätze

Die meisten Vögel bauen nur Nester, um zu brüten, doch Säugetiere nutzen ihre Ruheplätze viel länger. Dachsbaue sind tägliche Rückzugsorte, Bärenhöhlen werden im Winter aufgesucht. Die unterschiedlichsten Orte bieten einen Unterschlupf – manche tief im Boden, andere befinden sich in einem Baum.

1 Achtet auf ein lockeres, geschlossenes Nest – das ist der Kobel eines Eichhörnchens. Ein Sommernest dient zum Ausruhen, während ein Winter- oder Familiennest robuster ist und besseren Schutz bietet.

2 Dieser Steinmarder schaut aus einem Loch im Baum heraus. Der Waldbewohner nutzt natürliche Löcher in Bäumen oder Felsen, anstatt selbst welche zu graben oder von anderen Tieren verlassene zu benutzen.

3 Damhirsche lassen ihre gut getarnten Kitze an geschützten Stellen zurück. Die Jungtiere verhalten sich ruhig, um nicht entdeckt zu werden.

4 Füchse graben Baue in die Erde. Einfache Baue dienen als Tages- oder Notunterkünfte, während größere für die Aufzucht der Jungen angelegt werden.

5 Igel überwintern unter den Wurzeln von Bäumen, in Schuppen, unter Holzgebäuden oder in alten Kaninchenbauen wie diesem.

6 Ein Dachsbau ähnelt einem großen Kaninchenbau, jedoch mit grauen Haaren, alter Einstreu und Kothaufen.

Beobachtungen in der Nacht

Viele Tiere sind nachts aktiv. Es kann jedoch sein, dass ihr lange warten müsst, um sie zu beobachten. Nachtaktive Tiere sehen schlecht, hören und riechen aber hervorragend. Setzt euch also so hin, dass der Wind vom Tier zu euch weht. Seid leise, raucht nicht und tragt kein Parfüm. Verwendet eine Taschenlampe mit Rotfilter, da rotes Licht eine Wellenlänge hat, die die Tiere nicht so sehr stört.

Tipps für einen Unterstand

1. *Bereitet einen bequemen Sitzplatz vor.*
2. *Tragt dunkle Kleidung.*
3. *Schaltet das Smartphone ab.*
4. *Nutzt für die Taschenlampe einen Rotfilter.*
5. *Sagt immer jemandem, wohin ihr gegangen seid.*

DACHS
Wartet man leise, kann man die Tiere aus der Nähe betrachten.

Fichtenplantage

Die Nachfrage nach Holz hat zu Forsten von Nadelbäumen mit nur einer Art, etwa der Sitka-Fichte, geführt. Die jungen Wälder sind dunkel, aber wenn sie gelichtet werden, entsteht ein natürlicherer Zustand. Auch können Bäume Äste verlieren oder von Stürmen gefällt werden. Dadurch entsteht Platz für Wildtiere, in dem auch Pilze wachsen können.

SITKA-FICHTE

MORCHEL

Nadelwälder

Während viele künstlich angelegte Nadelwälder schlechte Lebensräume für Wildtiere sind, beherbergen natürliche Wälder eine Vielzahl von Pflanzen und Tieren, von denen viele nirgendwo sonst zu finden sind.

Nadelbäume der Berge

Berg-Kiefern, Weiß-Tannen, Fichten und Eiben sind Nadelbäume, die in den Alpen, den Pyrenäen und anderen Gebirgen in großen Höhen, oft bis zur Baumgrenze, wachsen. Sie sind in der Lage einen Großteil des Jahres mit Schnee und Frost fertig zu werden. Zu den hier lebenden Vögeln zählen Auerhähne und Kreuzschnäbel.

EIBE

AUERHAHN

Wald-Kiefern

Kiefernwälder wachsen von Schottland bis nach Sibirien und erstrecken sich auf hohen Gebirgen bis zum Mittelmeer. Die Wald-Kiefer war die einzige nordeuropäische Kiefer, die die letzte Eiszeit überlebt hat, und ihr Verbreitungsgebiet ist stark fragmentiert. Die Wälder beherbergen Raubtiere wie die Wildkatze und eine reiche Pflanzenwelt mit Heidekraut und Preiselbeeren.

PREISELBEERE

WILDKATZE

Taiga

Die Taiga ist der Waldgürtel südlich der Tundra. Schwarz-Fichten haben flache Wurzeln, um den kargen Boden zu nutzen, nach unten gerichtete Äste, um den Schnee abzuhalten, und dunkle Nadeln, um das schwache Licht zu absorbieren. Laufkäfer leben in der Nadelstreu und Vielfraße haben ein dickes Fell zur Isolierung.

LAUFKÄFER

VIELFRASS

SCHWARZFICHTE

HEIDELBEERE

MÄUSEBUSSARD-FEDER

Bleibt ruhig und haltet Ausschau nach scheuen Tieren wie Eichhörnchen und Mardern – achtet auf jede Bewegung vor dem hellen Himmel.

Kiefernwälder

Kiefernwälder sind ganzjährig grün. Es gibt in ihnen eine Fülle von Wildtieren zu entdecken – wenn man weiß, wo man suchen muss.

Ein Spaziergang durch Kiefernwälder spricht alle Sinne an. Der frische Duft dieser immergrünen Wälder erinnert immer wieder an diesen Lebensraum. Wie alle Wälder sind auch diese ruhige, ungestörte Orte für angehende Naturforscher. Von Insekten, die über den Waldboden huschen, bis zu Vögeln, die in den Baumkronen rufen, beherbergen Kiefernwälder eine Vielzahl von Tieren, Pflanzen und Pilzen.

Sucht im Unterholz offener Lichtungen nach Besenheide und anderen Heidekrautgewächsen.

MOOS

DREHWURZ-ORCHIDEE

BESENHEIDE

MARIENKÄFER

SEMMEL-STOPPELPILZ

WALDAMEISEN

FRUCHTKÖRPER
Viele Pilze sind giftig. Esst daher niemals Pilze, die ihr in der Natur gefunden habt.

Waldpilze

Die Bestimmung von Pilzen bereichert jeden Spaziergang. Ihr könnt die verschiedensten Arten finden – und viel über Pilze lernen.

Was ist ein Pilz?

Pilze sind weder Pflanzen noch Tiere, sondern Organismen, die sich von verrottendem Material ernähren. Die Teile, die wir sehen, sind nur diejenigen, die an der Fortpflanzung beteiligt sind und als Fruchtkörper bezeichnet werden. Unterirdisch breiten sich dünne Fäden, sogenannte Hyphen, aus und bilden ein kolonieartiges Myzel – ein Gewebe, das oft viele Hektar groß ist. Manche Myzelien sind Tausende von Jahren alt.

MODRIGES HOLZ
Achtet auf Schleimpilze, die Pilzen ähneln und auf feuchtem Holz wachsen.

Fruchtkörperformen

Die meisten Pilze haben Stiele und Hüte. Bei Bovisten sind die Stiele jedoch fast unsichtbar, während bei Stinkmorcheln die Stiele stärker als die Hüte auffallen.

Hutform und -struktur

Hüte können kegelförmig, gewölbt oder abgeflacht sein, von runden Knöpfen zu breiten Schalen. Sie können trocken und schuppig, seidig oder fettig sein.

ZU GEGENSEITIGEM NUTZEN

Viele Pilze leben in enger Verbindung mit Pflanzen und Algen. Man nimmt an, dass mehr als 90 Prozent der Pflanzen Pilze für ihr Überleben benötigen. Pilze helfen ihnen im Rahmen der Mykorrhiza-Symbiose bei der Aufnahme von Nitraten und Phosphaten aus kargen Böden – eine Partnerschaft, von der beide Parteien profitieren. Pilze bilden gemeinsam mit Algen Flechten, die in unbelasteten Wäldern, aber auch auf Felsen, Dächern und Mauern vorkommen. Einige Pilze schmarotzen an Tieren, etwa Bienen, während einige Ameisen und Käfer Pilze zur Nahrungsproduktion kultivieren.

PILZE UND WURZELN
Mykorrhiza bedeutet »Pilzwurzeln«. Pilze besiedeln die Pflanzenwurzeln, erhalten selbst Kohlenhydrate und helfen der Pflanze Wasser und mineralische Nährstoffe aufzunehmen.

Stiel

Der Stiel trägt den Hut, damit dieser Sporen zur Vermehrung freisetzen kann. Bei einigen Arten entspringt der Hut einer Kugelform und hinterlässt einen Ring am Stiel.

FESTES FLEISCH

HOHL

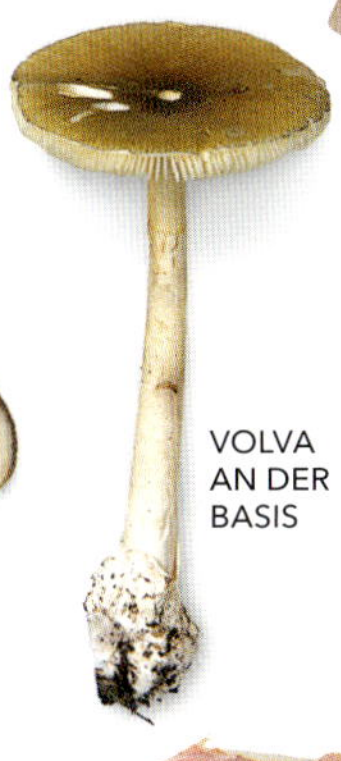
VOLVA AN DER BASIS

SCHLANK

MIT RING

ZWIEBELFÖRMIG

Farbe

Die Farbe hilft bei der Identifizierung, aber die Schattierungen von Braun, Rosa, Gelb und Orange sind schwer zu beschreiben. Benutzt eine Farbtabelle oder verwendet eure eigenen Begriffe.

FARBIGE RINGE

DUNKLES ZENTRUM

SPORENABDRUCK

Sporen werden durch Innendruck oder durch den Aufprall eines Regentropfens ausgestoßen. Zur Identifikation könnt ihr einen Sporenabdruck machen. Legt den Hut auf Papier, stellt ein Glas darüber und lasst es über Nacht stehen. Dann entfernt das Glas und den Pilz und besprüht den Abdruck mit Haarspray, um ihn zu fixieren.

Lamellen

Einige Pilze haben einen Hut mit feinen Lamellen – hier werden die Sporen produziert. Wenn ihr die Struktur der Lamellen kennt, könnt ihr mit ihrer Hilfe die Pilzart bestimmen.

UNGLEICH LANG

GROSSE ABSTÄNDE

DICHT GEDRÄNGT

Nadelwälder ganz nah

Nadelwälder sind in der nördlichen Hemisphäre verbreitet. Sie beherbergen eine Vielzahl von spezialisierten Tier- und Pflanzenarten. Welche Pilze, Insekten und Pflanzen es in einem Wald gibt, hängt vom jeweiligen Standort ab.

BOVIST

Insekten und Spinnen bewohnen die Nadelschicht und die dicke Borke.

WOLFS-SPINNE

RIESEN-HOLZWESPE

Pilze gedeihen in der dunklen, feuchten Umgebung eines Kiefernwalds.

GRAUBLÄTTRIGER SCHWEFELKOPF

MORCHEL-BECHERLING

ORANGE-FARBENER PILZ

GEWEIH-FÖRMIGE HOLZKEULE

BÜSCHELIGER FASERLING

Knochen geben Hinweise auf die Säugetiere des Walds.

UNTERKIEFER-KNOCHEN EINES REHS

Viele Nachtfalter sind auf rauer Kiefernrinde gut getarnt.

KIEFERN-SCHWÄRMER

SCHWAMM-SPINNER

BIRKENSPINNER

BRAUNFLECKIGER PERLMUTTFALTER

Sträucher wachse im Unterholz und au Waldlichtunge

HEIDELBEERE

Flechten hängen an niedrigen Ästen und breiten sich über Totholz aus.

Zapfen bedecken den Waldboden.

Die Zapfen der Nadelbäume

Die Zapfen ermöglichen die Vermehrung der Bäume. Viele Tiere haben sich daran angepasst die Samen zu fressen.

Kiefernzapfen

Kiefern tragen sowohl männliche als auch weibliche Zapfen. Die männlichen sind klein und enthalten Pollensäcke. Die großen, holzigen, weiblichen Zapfen enthalten Eizellen, die sich nach der Befruchtung zu Samen entwickeln. Obwohl die Struktur der Zapfen bei Kiefern ähnlich ist, variieren Größe, Form und Verholzung der Zapfen von Art zu Art.

WALDKIEFERZAPFEN
Die rosaroten weiblichen Zapfen färben sich im Sommer violett und haben kleine Schuppen, die im folgenden Jahr hellgrün und verholzt sind. Im darauffolgenden Jahr sind die Zapfen reif und färben sich mattgrau.

GESCHLOSSENER ZAPFEN
Die weiblichen Zapfen haben Schuppen, die sich öffnen, um Pollen aufzunehmen, und sich während der Reifung der Samen schließen. Später schließen sie sich auch bei Nässe, um die Samen zu schützen.

QUERSCHNITT

Reifende Samen

SCHUPPEN

Legt eine Sammlung von Zapfen an und findet heraus, welche Tiere sie geöffnet haben.

Verlängerung der Schuppe

OFFENER ZAPFEN
Reife Zapfen öffnen sich bei trockenem Wetter, damit die Samen unter idealen Bedingungen für die Windausbreitung freigesetzt werden.

Zapfenknacker

Die Samen in den Kiefernzapfen liegen tief zwischen den Schuppen. Sie sind nahrhaft, aber schwer zu erreichen und der Verzehr eines ganzen Zapfens mit seinen holzigen Schuppen ist ineffizient. Viele Tiere haben Methoden entwickelt, um an die Samen zu gelangen. Bei feuchtem Wetter schließen sich die Schuppen fest, aber das geschieht oft noch lange nach der Ausbreitung der Samen und nachdem der Zapfen zu Boden gefallen ist. Samenfresser müssen zunächst entscheiden, welche Zapfen ihre Aufmerksamkeit wert sind.

1 Kreuzschnäbel (hier ein Bindenkreuzschnabel) haben sich in Anpassung an bestimmte Zapfen in viele Arten aufgetrennt. Sie schieben ihre Unterschnäbel zwischen die Schuppen und drehen dann die Schnäbel, um sie zu öffnen. Die Samen werden mit der Zunge herausgezogen.

2 Eichhörnchen beißen einfach die Schuppen ab. Man kann die Zapfen leicht von denen unterscheiden, die von einem Kreuzschnabel bearbeitet wurden.

3 Spechte klemmen die Zapfen oft in die Borke ein, damit sie die empfindlichen Samen leichter herausholen können.

SPECHTE

Spechte meißeln Löcher in Holz – ihre langen, klebrigen, stacheligen Zungen dringen tief ein, um Insektenlarven herauszuholen. Der Specht stützt sich mit seinem Schwanz ab und hält sich mit seinen Füßen – zwei Zehen zeigen nach vorn, zwei nach hinten – am Baum fest. Trotz der Belastung, der Schädel und Gehirn beim Hämmern ausgesetzt sind, zieht sich der Specht keine Schäden zu. Nach neueren Erkenntnissen verfügt er jedoch über keinen »Stoßdämpfer«.

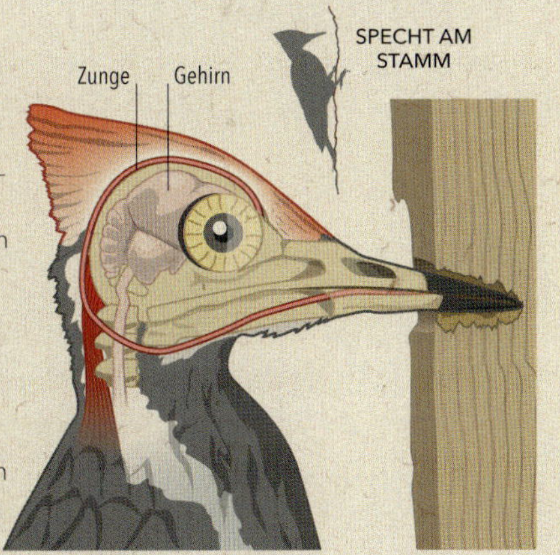

In der Brunft

Rotwild lässt sich vor allem im Herbst beobachten, wenn die Hirsche um die Gelegenheit zur Paarung kämpfen.

Ursprünglich Waldbewohner, sind Rothirsche heute auch in Gebirgen und Mooren zu finden. Männliche Tiere (Hirsche) sind mehr als 2 m lang und an der Schulter 1 m hoch. Das knöcherne Geweih des Männchens wird jährlich abgeworfen. Es hat mehrere Spitzen oder Enden und jedes Jahr ist das Geweih größer als das des Vorjahres. Sein Wachstum erfordert viel Energie, aber im Winter, wenn die Nahrung knapp ist, ist das Geweih einfach nur noch toter Knochen. Hirsche sind mit etwa acht Jahren in ihrer Blütezeit. Jüngere und ältere sichern sich nur selten einen Harem von Weibchen (Hirschkühe). Im Herbst, zu Beginn der Paarungszeit (Brunft), sind die Männchen sehr aggressiv und man sollte Abstand halten. Ihr könnt sie fast ständig röhren hören und sehen, wie sie aufeinander zugehen. Schwächere Männchen ziehen sich zurück, aber gleich starke Hirsche können kämpfen. Die Weibchen werden von den Männchen angezogen, die ihre Fitness am besten unter Beweis stellen, was sich durch lautes, häufiges Rufen äußern kann.

JAHR FÜR JAHR

Im Frühjahr entsteht aus einem kleinen »Rosenstock« das neue Geweih. Eine weiche Haut, der Bast, versorgt es mit Blut und Sauerstoff, wird aber allmählich rissig und fällt ab, wenn die Blutversorgung des Geweihs im Herbst aufhört. Das Geweih verkalkt und wird hart. Am Ende des Winters wird es abgeworfen. Haltet im Frühjahr auf dem Boden Ausschau nach abgeworfenen Geweihen oder im Spätsommer nach gefegtem Bast.

KOPF AN KOPF
Sind zwei Hirsche gleich stark, verhaken sie sich mit den Geweihen und beginnen eine Kraftprobe. Die Geweihspitzen verursachen nur selten ernsthafte Verletzungen.

Nur selten zu sehen

Rotwild kann man aus der Ferne beobachten, aber die meisten Waldtiere sind scheu. Mit der Suche nach manchen kann man sogar ein ganzes Leben verbringen.

BAUMMARDER
Der scheue Baummarder ist am ehesten in Schottland und Nordeuropa anzutreffen.

GLEITHÖRNCHEN
Dieses weitgehend nachtaktive Tier der estnischen und finnischen Wälder ist sehr scheu.

WOLF
Der Wolf ist in seinem europäischen Verbreitungsgebiet nur selten zu beobachten.

LUCHS
Alle vier Luchsarten (oben der Eurasische Luchs) sind sehr schwer zu finden.

Buschland und Heide

Die meisten Busch- und Heidelandschaften sind keine dauerhaften Lebensräume – ohne Beweidung oder regelmäßige Brände würden sie sich bald in Wald verwandeln. Ausnahmen gibt es dort, wo Höhenlage, Nährstoffarmut oder Wind diese Abfolge verhindern. In diesen dynamischen Lebensräumen blühen die Lebensgemeinschaften unter sich rasch verändernden Bedingungen auf. Leider sind sie oft durch menschliche Aktivitäten wie Rodung für die Landwirtschaft oder Fragmentierung durch Bebauung gefährdet. Daher sind sie häufig selten, doch ihre Arten sind etwas Besonderes – und Naturforscher lieben sie!

Heide des Tieflands

Ursprünglich von prähistorischen Menschen gerodete Wälder sind vor allem in Nordwesteuropa zu finden. Hier wachsen niedrige Pflanzen wie Heidekraut, Ginster und verschiedene Gräser. Eine Reihe spezialisierter Tiere lebt hier, darunter die Heidelerche und der Ziegenmelker. Wenn man die Landschaft ohne Beweidung sich selbst überlässt, verwandelt sich die Tieflandheide wieder in Wald.

JUNGER ZIEGENMELKER

GRAUE HEIDE

Buschland und Heide

Heide- und Buschland sind Lebensräume im Wandel. Sie sind meist auf nährstoffarmen Böden zu finden und werden durch Beweidung und Brände geprägt. Ihre Bedingungen bieten vielen interessanten Arten ein Zuhause.

Moorland

Moorland ist feuchter und kälter als Tieflandheide und kommt in höheren Lagen vor (300 m oder mehr über dem Meeresspiegel). Außerdem gibt es hier weniger Sträucher als in der Tieflandheide. Heidekraut, Heidelbeere und Gagelstrauch sind hier stärker vertreten. Raufußhühner gedeihen hier ebenso gut wie Greifvögel und Reptilien wie die Kreuzotter.

KREUZOTTER

GAGELSTRAUCH

Garigue

Garigue und Macchie sind zwei ähnliche Lebensräume im Mittelmeerraum. Viele Tier- und Pflanzenarten sind in beiden zu finden. Die Garigue hat sich in Gebieten entwickelt, in denen der Untergrund aus Kalkstein besteht und der Boden mager und steinig ist. Hier wachsen niedrige, trockenheitsresistente Pflanzen wie Rosmarin sowie Kiefern und Korkeichen. Eidechsen und Schlangen sind weit verbreitet, ebenso Wildschweine und Hirsche.

PERL-EIDECHSE

ROSMARIN

Macchie

Im Gegensatz zur relativ offenen Garigue wird die Macchie von kleinen Bäumen und großen Sträuchern dominiert, die ein dichtes Gebüsch bilden. Die Vegetation ist in der Regel 3 bis 5 m hoch und umfasst Zwerg-Eichen, Johannisbrot-, Oliven-, Feigen- und Mandelbäume, Efeu und Spitzblättrigen Spargel sowie Erdbeerbaum, Ginster, Lorbeer und Myrte. Der ehemalige Wald, der als Weide sowie für Brennholz-, Bauholz- und Holzkohleproduktion gerodet wurde, bietet Wildschweinen und Hirschen, Samtkopf- und Provencegrasmücken sowie Landschildkröten, Eidechsen und Schlangen ein Zuhause.

SAMTKOPF-GRASMÜCKE

OLIVENBAUM

Leben im Buschland

Hier herrscht ein ständiger Kampf ums Überleben. Kleine Insekten werden von größeren erbeutet, die von Vögeln, Reptilien und Säugetieren gefressen werden.

ROTPELZIGE SANDBIENE

Revierverteidigung

Insekten besiedeln alle Ebenen der Heide- und Buschland-Lebensräume. Achtet auf Revierkämpfe zwischen Käfern und auf männliche Schmetterlinge, die Eindringlinge verjagen. Haltet auch Ausschau nach Vögeln, die auf Insektenjagd gehen – Grasmücken suchen nach Spinnen und Raupen, während Raubwürger von ihrem Ansitz aus nach großen Käfern und Eidechsen Ausschau halten.

SOMMERORCHESTER
In der Sommerhitze ist ein unermüdliches Orchester aus Grillen, Heuschrecken und Zikaden zu hören. Achtet auf Zikaden an Baumstämmen.

SPINNENTAKTIK
Manche Spinnen verfolgen ihre Beute, andere nutzen Netze oder lauern und springen hervor, um Insekten zu fangen.

SPINNENJÄGER
Spinnen jagende Wespen können mit ihrem tödlichen Stachel sogar eine große Spinne überwältigen.

Leben im Untergrund

Viele kleine Lebewesen nutzen unterirdische Höhlen. Sie graben entweder ihre eigene Unterkunft oder übernehmen ein Haus von einem anderen Tier. Beobachtet die Löcher im Boden, um zu sehen, welche Arten zum Vorschein kommen. Beweise für Sandbienen sind leicht zu finden: Achtet auf winzige, kegelförmige Abraumhügel in freien Bereichen des Bodens. Der Abraum wird von den Bienen beim Graben ihrer Kammern nach oben getragen und um den Schachteingang herum aufgehäuft.

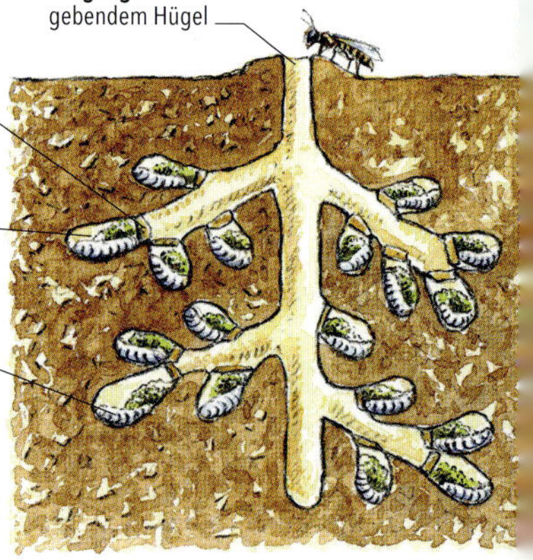

Eingang mit umgebendem Hügel

Die Brutkammer versiegelt das Weibchen mit Wachs.

Die Kammern enthalten Larven, die sich von Pollen ernähren.

Die kleinen Larven verpuppen sich in der Kammer.

ALLEIN GELASSEN
Das Weibchen gräbt das Nest, verschließt den Eingang und stirbt, sodass die Jungen allein aufwachsen.

Schmetterlinge beobachten

Sucht Raupen auf Pflanzen wie Salbei und Brombeeren und setzt sie dann in einen gut belüfteten, durchsichtigen Behälter. Legt etwas Erde und abgestorbenes Pflanzenmaterial auf den Boden und sorgt jeden Tag für Nachschub mit der gleichen Art von Blättern, von der die Raupen stammen. Mit der Zeit verpuppen sich die Raupen. Lasst die erwachsenen Tiere frei, wenn sie nach einigen Wochen geschlüpft sind.

KLEINES NACHTPFAUENAUGE
Die erwachsenen Tiere leben nur ein oder zwei Wochen, bis sie sich fortpflanzen und dann sterben.

PHEROMONFALLE

Einige Nachtfalter erkennen sich an chemischen Signalen (Pheromonen), mit denen die Weibchen die Männchen anlocken. Ihr könnt das beobachten, wenn ihr das Kleine Nachtpfauenauge aufzieht. Setzt ein frisch geschlüpftes Weibchen in ein zeltartig gefaltetes Netz, das an einem Ast hängt. Beobachtet, wie die Männchen es umschwirren, wenn sie das Weibchen zu erreichen versuchen.

ANGRIFF VON OBEN
Solitäre Wespen sind weltweit zu finden. Sie stürzen sich auf ihre Beute und lähmen sie, bevor sie sie als Larvennahrung in ihre Nester tragen.

Buschland ganz nah

Gebüsche sind die Heimat vieler Pflanzen, Insekten und Säugetiere. In verschiedenen Teilen der Welt gibt es jedoch unterschiedliche Arten.

GRÜNER ZIPFELFALTER

Insekten besiedeln alle Ebenen des Gebüschs – im Winter können sich sogar Puppen auf dem Boden befinden.

PUPPE

GEISSKLEE

SEGELFALTER

HEIDEKRAUT-BUNTEULE

GOTTES-ANBETERIN

Niedrige Pflanzen und Sträucher, darunter auch Kräuter, prägen das vergängliche Buschwerk.

OLIVE

GELBER KNOLLENBLÄTTERPILZ

GEMEINER STEINPILZ

GELBGESTIEFELTER SCHLEIMKOPF

Durchsucht Bereiche mit dichtem Strauch- und Pflanzenwuchs, die Pilzen Schutz bieten.

CHAM-PIGNON

DUFTENDER GÜRTELFUSS

ROTER HERINGS-TÄUBLING

SCHLEHE

Skelette können von Tieren stammen, die nicht vor Waldbränden fliehen konnten.

Heide

Der offene Charakter der Heide führt dazu, dass ein Großteil der Tierwelt auf dem Boden oder in Bodennähe lebt.

Ein sich verändernder Lebensraum

Tieflandheiden verändern sich ständig. Wenn sie nicht bewirtschaftet werden und von Bränden verschont bleiben, wird die Heide schnell durch Buschwerk ersetzt, das wiederum zu Wald wird. In der Vergangenheit wurden die Heideflächen wegen ihrer Erträge geschätzt und durch Beweidung und das Zurückschneiden von Ginster und Birken bewirtschaftet. Nach jahrzehntelanger Unterbrechung werden diese Maßnahmen heute wieder durchgeführt, um die Heiden zu erhalten.

HEIDESEEN

In feuchten Bereichen leben Arten, die sonst in der Heide nicht gedeihen könnten. Sucht in einem Tümpel nach Amphibien wie Fröschen, Kröten und Molchen, und haltet Ausschau nach Wirbellosen wie der Gerandeten Jagdspinne. Ihr könnt auch feuchtigkeitsliebende Pflanzen wie den Fieberklee, die Moorlilie und den Sonnentau am Wasserrand finden und Libellen bei der Jagd beobachten.

GERANDETE JAGDSPINNE

BLAUGRÜNE MOSAIKJUNGFER

ERDKRÖTE

FIEBERKLEE

VIELSEITIGE PFLANZE
Man benutzt Heidekraut traditionell zum Ausstopfen von Kissen und Matratzen, zur Isolierung, als Dachmaterial und zur Herstellung von Besen, Bier und Honig. Ältere Pflanzen wurden in der Heide abgebrannt, um das Wachstum zu fördern.

SCHMETTERLINGE
Der Geißklee-Bläuling kann im Tiefflug über dem Heidekraut beobachtet werden, wo er sich von dessen Nektar ernährt.

GUTER SÄNGER
Die Provencegrasmücke ist im Ginster zu finden. Im Frühjahr sitzen die Männchen auf einem größeren Zweig und lassen ihren Gesang vernehmen.

Heidekraut wurde als Glücksbringer angesehen und getrocknete Zweige wurden zum Verkauf in den Städten gebündelt.

Die Blütenstände wurden wie Hopfen zum Bierbrauen verwendet.

Die Stängel wurden als Besen zusammengebunden.

KONKURRENZ
Der Ginster siedelt sich gern auf offenen Flächen an. Die jungen Pflanzen entwickeln sich bald zu dichten Gebüschen und verdrängen schließlich das Heidekraut.

LAUFKÄFER
Laufkäfer wie der Feld-Sandlaufkäfer können auf freien Bodenflächen bei der Jagd nach Beute beobachtet werden.

BRENNMATERIAL
Traditionell werden verfilzte Heidewurzeln ausgegraben und im Winter als Brennmaterial genutzt.

HEIDESAMEN
Heidesamen können jahrzehntelang schlummern, aber sie beginnen zu keimen, sobald das Gestrüpp über ihnen gelichtet wird und Licht einfällt.

BLÜHENDE HEIDE
Die Blüten des Heidekrauts liefern Bienen und Schmetterlingen Nektar. Die Blätter werden von Raupen, Vögeln und Nutztieren gefressen.

SCHLANGEN
In der Heide lassen sich Schlingnattern beobachten. Die ungiftige Art ist in Europa verbreitet und kommt auch in Deutschland, Österreich und der Schweiz vor.

SONNENANBETER
Eidechsen sonnen sich zwischen dem Heidekraut. Sucht euch einen ruhigen Platz und wartet, bis sie auftauchen.

KORK-EICHEN-BLÄTTER

KLEOPATRA-FALTER

SPANISCHER OSTERLUZEIFALTER

Sucht euch ein sonniges Plätzchen, an dem ihr Schmetterlinge auf der Blütensuche beobachten könnt.

Garigue-Spaziergang

Der Duft aromatischer Pflanzen und das Geräusch der Insekten sind die Essenz der mediterranen Garigue, besonders in der Hitze des Hochsommers.

Die Garigue ist ein Lebensraum voller Geräusche. Gedämpfter Vogelgesang und das Huschen der Nagetiere und Eidechsen weisen auf die Vielfalt der Tierwelt hin.

Insekten gibt es reichlich und sonnenliebende Arten suchen Bereiche mit nacktem Boden und Felsen auf. Hier findet ihr auch Eidechsen und andere Reptilien.

Achtet auf das Rascheln von Reptilien, darunter auch der Schildkröten, die sich auf der Suche nach Futterpflanzen durch die Vegetation schieben.

ERDBEERBAUM

MYRTE

Wo Sträucher wie Myrten und Erdbeerbäume zu dominieren beginnen, weicht der offene Charakter der Garigue der dichteren Macchie.

Der Sommer ist eine großartige Zeit, denn nun blühen viele Arten von Heidekraut. Haltet Ausschau nach ihren Blüten, die in Lila-, Rosa- und Rottönen leuchten.

LAVENDEL

LIBELLEN-SCHMETTERLINGSHAFT

ZUNGEN-STENDEL

Grasland

Die mit Akazien bewachsene afrikanische Savanne, die silbernen Meere des Páramo in den Anden oder die hügeligen, blütenreichen Landschaften Südenglands üben eine anhaltende Anziehungskraft aus – vielleicht, weil die Savanne die ursprüngliche Heimat unserer eigenen Spezies ist. Es handelt sich um offene und warme Lebensräume, die Nahrung liefern und eine große Anzahl von Pflanzenfressern beherbergen, die wiederum verschiedene Fleischfresser wie Löwen, Mähnenwölfe und Füchse ernähren. Am Boden gibt die ständige Beweidung auch anderen Arten als Gräsern eine Chance: Blütenpflanzen gedeihen und damit auch die Insekten. Graslandschaften sind daher für Naturforscher ein ideales Terrain.

Magerwiesen

Die vor allem in Westeuropa anzutreffenden Magerwiesen zeichnen sich durch kalkhaltige Böden aus und sind auf Beweidung angewiesen, damit sie nicht überwuchert werden. Hier gibt es viele Wildblumen. Im Frühjahr blühen die Wiesenblumen, im Sommer Orchideen, Disteln und Gänseblümchen. Insekten gibt es reichlich und zu den Säugetieren gehören Kaninchen, Feldhasen und Hermeline.

FELDHASE

KUH-SCHELLE

Grasland

Die weiten Flächen der Grasländer werden von krautigen Pflanzen und Gräsern dominiert und durch Beweidung, Feuer und lange Trockenperioden in ihrem Zustand gehalten. Oft gibt es große Herden von Pflanzenfressern.

Dehesa

Die Dehesa ist ein in Spanien und Portugal einzigartiger Lebensraum mit spärlichen Stein- und Korkeichen, Gräsern und Blütenpflanzen, darunter Lavendel. Er wurde über Jahrhunderte von Menschen bewirtschaftet. Unbeweidete Flächen werden zu Gestrüpp und Eichenschösslinge schlagen hier Wurzeln. Hier leben Rot- und Rehwild, viele Reptilien und Vögel wie die Blauelster mit ihren blauen Flügeln. Große Schwärme von Kranichen ernähren sich im Herbst und Winter von herabgefallenen Eicheln.

BLAUELSTER

LAVENDEL

Alpines Grasland

Oberhalb der Baumgrenze ist der Boden in den Alpen, Pyrenäen und Karpaten sowie in Skandinavien die meiste Zeit mit Schnee bedeckt oder hartem Frost ausgesetzt. Die Vegetationsperiode oberhalb von 2000 m Höhe ist kurz und das alpine Grasland weist daher eine besondere Mischung von Pflanzen auf. Diese Vielfalt findet sich auch bei den Schmetterlingen, darunter Apollo und Perlmuttfalter sowie viele Bläulinge. Wildziegen, Gämsen, Schneemäuse und Murmeltiere leben hier ebenso wie Mornellregenpfeifer, Schneehühner, Ringdrosseln und Steinrötel.

APOLLO

MURMELTIER

Steppe

Trockene Gebiete der Grasebene sind in Teilen des Mittelmeerraums und Osteuropas sowie in Asien zu finden. Diese Steppen sind bekannt für ihre heißen Sommer und strengen Winter. Nach einem langen Winter erwachen die Steppen im Frühjahr zum Leben, wenn Krokusse und Tulpen blühen. Vögel wie Kraniche sind hier ebenso anzutreffen wie grasende Säugetiere, darunter die Onager.

JUNGFERNKRANICH

ONAGER

WILDTULPE

BIENEN-
RAG-
WURZ

GRÜNES
HEUPFERD

JAKOBS-
KRAUTBÄR

An einem sonnigen Tag werden die Insekten in der Wärme aktiv. Die Schmetterlinge ernähren sich von Blütennektar.

Kalkmagerrasen

Eine beeindruckende Blütenpracht macht den Kalkmagerrasen zum perfekten Lebensraum für eine reiche Tierwelt mit einer vielfältigen Insektenpopulation.

Im Sommer ist der Himmel über dem Kalkmagerrasen voll von fliegenden Insekten und Vogelgesang. Kleine Säugetiere wie die Wühl- und Spitzmäuse laufen durch Tunnel im Gras, immer auf der Flucht vor einem räuberischen Wiesel. Am Boden wimmelt es um die Pflanzen herum von Insekten, von winzigen Ameisen bis hin zu großen Hummeln, während Käfer und Grillen auf den Blättern sitzen.

Haltet Ausschau nach Käfern im Gras. Ihre Tätigkeit trägt dazu bei, das Ökosystem des Kalkmagerrasens in Ordnung zu halten.

GROSSER
PERLMUTTFALTER

TAUSENDGÜLDEN-
KRAUT

Untersucht die Blüten sorgfältig. Vielleicht entdeckt ihr eine Krabbenspinne oder einen Marienkäfer zwischen den Blütenblättern oder in der Mitte der Blüte.

MISTKÄFER

SILBERGRÜNER BLÄULING

Legt euch vorsichtig ins Gras, um Blumen aus der Nähe zu betrachten und den Duft von Kräutern wie Thymian zu genießen.

SAND-THYMIAN

Im Gras

Kleinere Lebensräume innerhalb des Graslands beherbergen Gemeinschaften von Wirbellosen, die sich in der Pflanzenvielfalt wohlfühlen.

Leben auf allen Ebenen

Insekten leben in allen Schichten des Graslands, von der Grasnarbe, die von Kaninchen und anderen Pflanzenfressern kurzgehalten wird, über die höheren Gräser und Kräuter bis hin zu den Blütenständen höherer Pflanzen, an denen viele Käferarten zu finden sind. Jede Art hat ihre eigenen Bedürfnisse und viele leben auf einem kleinen Gebiet. Einige sind sehr territorial, während andere eher nomadisch leben und ständig auf der Suche nach Nahrung oder einem Partner sind. Haltet bei der Erkundung von Hängen und Ufern Ausschau nach Käfern und Spinnennetzen. Achtet auch auf Schnecken, die auf kalkhaltigen Böden gedeihen, und vergesst nicht nach oben zu schauen – die Luft ist voller Schmetterlinge, Tagfalter, Schwebfliegen und Bienen.

ZWEIFLECKIGER ZIPFELKÄFER

SINGENDE INSEKTEN

Männliche Grillen und Heuschrecken singen. Grillen reiben ihre Flügel aneinander, während die meisten Heuschrecken ihre Hinterbeine an den Vorderflügeln reiben. Diese Stridulation ist das typische Geräusch, das bei warmem Wetter zu hören ist. Es soll Partner anlocken, die den Gesang über spezielle Rezeptoren wahrnehmen.

HEUSCHRECKE

LICHT IN DER NACHT
Glühwürmchen sind im Dunkeln am besten zu sehen. Das flugunfähige Weibchen lockt die Männchen mit einem Licht an, das durch eine chemische Reaktion entsteht.

SPINNENVERWANDTE
Haltet nach Weberknechten Ausschau, wenn sie durch die Vegetation krabbeln. Sie haben im Gegensatz zu Spinnen keine Seiden- oder Giftdrüsen und nutzen daher ihre langen Beine, um Insekten zu fangen.

BEOBACHTUNGSPLATZ

Obwohl einige Schmetterlinge auch bei bedecktem Himmel fliegen, sind die meisten nur bei Sonnenschein zu sehen. Ihre Hauptaktivitätszeit ist von Mitte Vormittag bis Mitte Nachmittag. Wählt den Standort sorgfältig aus: Am besten ist ein geschützter Platz mit vielen blühenden Pflanzen sowie warmen Steinen und grasbewachsenen Bänken geeignet. Versucht sie von Nahem zu sehen!

HIMMELBLAUER BLÄULING

SCHMETTERLINGSNETZ

Bemerkenswerter Lebenszyklus

Die weiblichen Quendel-Ameisenbläulinge legen ihre Eier auf Thymianblüten ab. Die Raupen ernähren sich von den Blüten- und Samenständen. In einer bestimmten Größe lassen sie sich auf den Boden fallen. Knotenameisen halten die Raupen für ihre eigenen Larven und bringen sie in ihr unterirdisches Nest. Dort beginnen die Raupen die Ameisenlarven zu fressen. Im folgenden Frühjahr verlassen sie als erwachsene Schmetterlinge das Nest und der Zyklus beginnt von Neuem.

1. SAND-THYMIAN MIT QUENDEL-AMEISENBLÄULING

2. DIE AMEISEN BRINGEN DIE RAUPEN IN IHR NEST.

Ameisenlarve

3. DIE RAUPE FRISST EINE AMEISENLARVE.

ARTEN ZÄHLEN

Um die lokalen Pflanzen und Wirbellosen zu zählen, legt man ein Quadrat nach dem Zufallsprinzip auf den Boden. Notiert euch die Anzahl der Pflanzen- und bodenbewohnenden Insektenarten in jedem Teilbereich des Rahmens.

SINGENDE HEUSCHRECKE
Verschiedene Grillen- und Heuschreckenarten geben Laute von sich, die einem bestimmten Schema folgen – etwa Zirpen, das sich alle zwei Sekunden wiederholt. Nutzt den Gesang, um die Insekten auf Grashalmen und Blütenständen aufzuspüren.

Grasland ganz nah

Grasländer sind reiche Lebensräume von Pflanzen, Insekten und Reptilien. Die Arten unterscheiden sich abhängig vom Ort. Entdeckt sie auf dem Boden und zwischen den Gräsern.

OCKERGELBER BLATTSPANNER

Schaut euch auf den Blütenpflanzen nach Schmetterlingen um – vielleicht findet ihr auch ihre von Blättern oder Zweigen herabhängenden Puppen.

KLEINER FEUERFALTER

MAGER-WIESEN-MARGERITE

GROSSER KOHLWEISSLING

SILBERFLECK-DICKKOPFFALTER

Sieht man sich das Gras genau an, entdeckt man dazwischen auch viele Wildblumen, die im Frühjahr blühen.

Überprüft die Grasstängel auf Insekten, zum Beispiel Heuschrecken, und auf andere Wirbellose.

WEBERKNECHT

FELD-SANDLAUF-KÄFER

TERMITE

Passt auf, wenn ihr durch das Gras lauft, da sich hier Schlangen und Blindschleichen verstecken können.

GRÜNES HEUPFERD

BLINDSCHLEICHE

FÄRBERKAMILLE

FÄRBER-
SCHARTE
SAMEN-
STAND EINER
KLETTE
HAU-
HECHEL
ECHTES
LABKRAUT
NICKENDE
DISTEL
RASEN-
SCHMIELE
ZITTER-
GRAS
GEMEINE
QUECKE
KLEINES
KNABENKRAUT

Berge und Hügel

Diejenigen unter uns, die sich nach der Natur sehnen, zieht es in die Berge, weil ihre Hänge oft nur wenig bebaut sind. Aber zumindest in Europa ist unsere Wahrnehmung dessen, was natürlich erscheint, oft durch idealisierte Landschaften verzerrt. Wenn wir diese Lebensräume wirklich erforschen wollen, sollten wir uns die spezialisierten Pflanzen und Tiere ansehen, die an diesen außergewöhnlichen Orten leben: Arten, für die der Abhang – und manchmal auch der Abgrund dahinter – ein bequemes Zuhause sind.

Hochebenen

GEGENBLÄTTRIGER STEINBRECH

Diese windgepeitschten Orte sind meistens mit Schnee bedeckt und haben ein ähnliches Klima wie die Tundra. Die Pflanzen, die hier gedeihen, etwa der Gegenblättrige Steinbrech, wachsen in dichten Matten und haben kleine Blätter, um den Wasserverlust zu verringern. Auf den Hochebenen gibt es nur wenige Raubtiere, was sie zu einem Zufluchtsort für Tiere wie das Schneehuhn macht.

SCHNEEHUHN

Gebirge

Die höchsten Orte der Welt stellen mit heißen Tagen, bitterkalten Nächten und extremen Wetterbedingungen gewaltige Herausforderungen dar. Die Pflanzen und Tiere müssen hervorragend angepasst sein, um zu überleben.

Felsige Gipfel

Selbst der nackte Fels kann Leben beherbergen. Durch das Gefrieren und Auftauen entstehen Risse im Gestein, in denen Edelweiß, Gletscher-Hahnenfuß und Alpen-Mannsschild wachsen können. Letzterer wurde sogar in der Nähe des Matterhorns in den Alpen gefunden. Steinböcke, Gämsen, Murmeltiere, Schneehasen und Schneehühner können in diesen Höhen überleben, wo der Boden die meiste Zeit des Jahres mit Schnee bedeckt ist.

EDELWEISS

SCHNEEHASE

Bewaldete Hänge

Unterhalb der Baumgrenze bedecken Wälder die Hänge vieler Berge, wobei Nadelbäume dominieren, vor allem Kiefern, Tannen, Fichten und die sommergrünen Lärchen. Der Wald kann so dicht sein, dass es schwierig ist, die dort lebenden Tiere zu sehen, aber mit etwas Glück können Beobachter Rothirsche oder sogar einen Steinmarder oder Braunbären entdecken. Zu den zahlreichen Vögeln gehören Birkhühner, Spechte, Tannenhäher und Zitronenzeisige.

PINIE

STEINMARDER

Vulkan

Wenn ihr einen erloschenen oder ruhenden Vulkan wie den Vesuv in Italien oder den Teide auf Teneriffa besucht, werdet ihr feststellen, dass die unteren Hänge mit Pflanzen übersät sind. Das liegt daran, dass die Lava und der ausgestoßene Staub fruchtbare Böden erschaffen. Wenn Lava aus einem Vulkan wie dem Ätna auf Sizilien fließt, wird die Vegetation auf dem Weg der Lava zerstört. Doch schon bald besiedeln spezialisierte Pflanzen das Gebiet wieder. Und sobald sie sich etabliert haben, ziehen auch Eidechsen und Vögel ein.

RUINEN-EIDECHSE

ALPENDOHLE

Mit dem Kopf in den Wolken

Gebirgsregionen beherbergen eine Reihe von Lebensräumen, in denen sehr spezialisierte Pflanzen und Tiere jede Nische nutzen.

Gebirgszonen

Aufgrund der großen Höhen- und Temperaturunterschiede weisen Gebirge zahlreiche Mikroklimata auf. Im unteren Bereich des Gebirges werden die Laubbäume durch verschiedene kälteresistente Nadelbäume ersetzt. Oberhalb der Baumgrenze befindet sich die alpine Tundra, ein Gebiet, das Sonne und Wind ausgesetzt ist und in dem kleinblättrige, niedrige Pflanzen wachsen. In einigen geschützten Bereichen der Tundra bilden sich alpine Wiesen. Die Tundra geht in das Geröll und den Fels der darüber liegenden Hänge über, wo nur noch Flechten wachsen.

BERGKIEFER
In Europa wird die Höhe, bis zu der Bäume erfolgreich wachsen können, durch eine ausgeprägte Reihe von Bergkiefern markiert.

SUKKULENTEN

Trotz starker Regen- und Schneefälle ist die Verdunstungsrate in Gebirgen aufgrund des fast ständigen Winds hoch. Und die starken Regenfälle laugen die Nährstoffe aus den kargen Böden aus. Pflanzen wie diese Hauswurz und andere Sukkulenten wirken diesen Problemen entgegen, indem sie Wasser und Nährstoffe in ihren dicken, fleischigen Blättern speichern. Sie können sogar auf felsigen Bergvorsprüngen in den Alpen mit sehr wenig Boden und viel Sonne gedeihen.

Leben ganz oben

ALPINE BIENEN
Bienen gibt es hier bis zu einer Höhe von 2400 m. Ihr pelziger Körper ermöglicht es ihnen, ihre Kerntemperatur zu halten.

MURMELTIER
Murmeltiere, große Nagetiere aus der Familie der Hörnchen, überwintern in Höhlen. Sie rufen laut und durchdringend.

Leben in großer Höhe

HOCH OBEN
Steinadler haben eine hohe Konzentration von Myoglobin in ihren Muskeln, was eine effizientere Aufnahme von Sauerstoff ermöglicht.

Das Leben in einer Höhe von über 3000 m wird durch den Sauerstoffmangel erschwert. Vögel wie die Alpenkrähe und Säugetiere wie das Murmeltier versuchen dieses Problem zu umgehen. Murmeltiere besitzen ein sehr effizientes Hämoglobin, und die Vögel besitzen zusätzlich den Lungen Luftsäcke, die eine effektive Atmung ermöglichen. Diese Anpassungen gestatten es den Tieren in den Bergen, ein normales Leben mit nur einem Drittel des Sauerstoffs zu führen, der in Meereshöhe vorhanden ist.

VORSICHT IM GEBIRGE!

Das Wichtigste in den Bergen ist, dass man vorbereitet ist. Das Wetter kann plötzlich umschlagen und euch überraschen. Sagt immer jemandem, wohin ihr geht und wann ihr zurückkommt, nehmt eine Karte und einen Kompass mit und bleibt über die Wettervorhersagen auf dem Laufenden. Legt unbedingt eine Zeit fest, bis zu der ihr umkehren müsst, um vor Einbruch der Dunkelheit sicher wieder im Tal anzukommen. Wenn ihr keine erfahrenen Bergsteiger seid, ist es nicht ratsam, in steilem oder felsigem Gelände abseits der markierten Wege zu wandern.

SPASS IN DEN BERGEN
Wandern oder Mountainbiken sind großartige Möglichkeiten die Berge zu erkunden. Haltet euch aber immer an die Wege!

ZIEGEN DER BERGE
Flinke und trittsichere Ziegenartige wie die Steinböcke leben in unwegsamem Gelände, wo sie Raubtieren entkommen können.

SCHMETTERLINGE DER BERGE
Schmetterlinge, die man im Sommer nur wenige Wochen sieht, überwintern als Raupen in Grasbüscheln eingegraben, wie Knochs Schwärzling.

BERGMOLCH
Im Sommer findet man Bergmolche im Gras und in der Nähe von Bergseen. In schneereichen Wintern verfallen sie jedoch in Winterstarre.

Pflanzen der Berge

Der Winter ist im Gebirge lang und kalt, doch die Sommermonate sorgen für eine Farbexplosion, wenn die Pflanzen die kurze Zeit der Blüte nutzen.

Leben oberhalb der Baumgrenze

Die oberhalb der Baumgrenze wachsenden Pflanzen haben sich an niedrige Temperaturen und Feuchtigkeit, Frost und Eis, starke Winde und eine kurze Wachstumsperiode angepasst. Wo es genügend Boden gibt, dominieren Grasbüschel, Gebüsche und niedrige Bäume – Pflanzen mit größeren Blättern ertragen die Austrocknung durch die Winde nicht. Manche Pflanzen haben auch derbe, behaarte Blätter, um Feuchtigkeitsverluste zu verringern. Andere können mit ihren roten Pigmenten das Sonnenlicht in Wärme umwandeln.

BREITBLÄTTRIGE LORBEERROSE
Diese Pflanze wächst auf steinigen Abhängen. Die das ganze Jahr über grünen Blätter sind recht giftig und werden daher nicht von Tieren gefressen.

RHODODENDRON

Trotz ihres großen Erfolgs als Gartenpflanzen sind Rhododendren alpine Gewächse und die meisten Arten stammen aus dem Himalaja. In ihrer natürlichen Heimat locken ihre Blüten die seltenen Bestäuber mit den verschiedensten Farben an – Weiß, Gelb, Rosa, Rot, Violett und Blau. Doch außerhalb ihres Verbreitungsgebiets bereiten die aus Gärten stammenden Pflanzen oft Probleme. Sie vermehren sich stark und verdrängen auf diese Weise einheimische Pflanzen.

ROTES WALDVÖGLEIN

ZWEIBLÄTTRIGE WALDHYAZINTHE

WIEDERHOLTE BLÜTE
Viele der Wiesenpflanzen wie diese alpine Gänsedistel sind mehrjährig: Aus der überdauernden Wurzel wächst jedes Jahr eine neue Pflanze.

Bergwiesen

Seht euch in den Bergen um – die verschiedenen Lebensräume erinnern oft an einen Flickenteppich. Das liegt an den vorherrschenden Winden, der Sonnenexposition, der Lage an Hängen, den Böden sowie dem darunterliegenden Fels. All das beeinflusst das Pflanzenwachstum. Bergwiesen findet man in den besten Lagen, wo Sedimente aus verwittertem Gestein Böden entstehen lassen, die Gräser und Wildblumen ernähren. Diese speichern ihre Energie, um über den Winter zu kommen, und blühen oft nur kurz. Oft kann man bei ihnen auch Zwergwuchs beobachten.

ALPENWIESE
Alpine Pflanzen haben nur eine kurze Blütezeit. Sie benötigen oft mehrere Jahre, um Energie für die Blüte zu speichern.

Das Lippenmäulchen wächst in flachen Matten.

Der Rosmarin-Seidelbast ist eine der kleineren Arten seiner Gattung.

Die Felsenmoltkie verhindert mit ihren kleinen Blättern Wasserverlust.

Der Phlox lockt mit seinen Blüten Insekten an.

Das Johanniskraut ist eine kleine Version seiner Tieflandverwandten.

Unauffällig bleiben

Eine Strategie für Pflanzen oberhalb der Baumgrenze ist es, sich unauffällig zu verhalten. Viele von ihnen wachsen kriechend und bilden dicke Polster oder Matten, die eng miteinander verwoben sind, um vom Wind herantransportierte Erde aufzufangen. Dadurch, dass sich die Pflanzen an den Boden schmiegen, sind sie den Elementen weniger ausgesetzt und bieten Insekten und kleinen Tieren Schutz. Die Insekten wiederum tragen zur Bestäubung ihrer Beschützer bei.

SYMBIOSE
Viele Sonnenröschen lassen sich von Pilzen (siehe S. 111) bei der Nährstoffaufnahme helfen.

SCHATTENGEWÄCHS
Der Mannsschild gedeiht als klassische alpine Pflanze auch in der Kälte und im Halbschatten.

TROCKENE LAGE
Der Berg-Wundklee ist perfekt an austrocknende Winde angepasst.

REGENERATION

Der Anblick von Pflanzen auf vulkanischer Asche mag überraschen, doch ist er nicht ungewöhnlich. Kurzfristig tötet die ausgestoßene Asche die Vegetation ab, doch im Lauf der Zeit verwittert sie. Die entstehenden Böden hängen vom Ausgangsmaterial ab, das reich an Nährstoffen wie Kalium und Magnesium sein und Spurenelemente enthalten kann. Hier können herangewehte Samen schnell wurzeln. Auf Sizilien sind die Vorzüge dieser Böden bekannt. Die unteren Hänge des Ätna werden seit Jahrhunderten landwirtschaftlich genutzt.

Die Höhen erklimmen

Bergsäugetiere leben in einer kargen Umgebung. Sie sind jedoch durch ihre Abgeschiedenheit geschützt.

Das Überleben in den Bergen erfordert Trittsicherheit und die Anpassung an einen der extremsten Lebensräume der Welt. Die Umgebung bietet jedoch Schutz, wenig Konkurrenz und sogar die Möglichkeit, Parasiten und stechenden Insekten auszuweichen. In den Alpen wandern Gämsen und Steinböcke im Sommer in höhere Lagen, um sich vom frischen Grün zu ernähren. Die Säugetiere der Berge sind sehr gut angepasst und daher durch den Klimawandel besonders gefährdet. Wenn die Temperaturen steigen, müssen sie höher aufsteigen und können schließlich nirgendwo mehr hingehen. Die beste Möglichkeit, die Tiere zu beobachten, bietet ein gutes Fernglas. Wählt einen sicheren Platz mit guter Sicht und sucht langsam den Berghang ab. Haltet Ausschau nach einem Steinbock oder einer Gämse, die auf einem scharfen Grat balanciert.

PRÄDATOREN DER BERGE

In den europäischen Gebirgen leben die meisten Raubsäugetiere unterhalb der Baumgrenze. Luchse jagen in den Alpen und Karpaten meistens lieber im dichten Wald als an den höher gelegenen, offenen Hängen. Das Gleiche gilt für Wölfe. Oberhalb der Baumgrenze hingegen sind die meisten großen Jäger Vögel, darunter Steinadler und Uhu, die ihre Säugetier- und Vogelbeute am Boden ergreifen.

Der Uhu hat eine Flügelspannweite von 1,7 m und besitzt kräftige Krallen zum Ergreifen der Beute.

TRITTSICHERE HUFE
Ziegenartige wie die Steinböcke haben für den besseren Halt Hufe mit scharfen Rändern, zwischen denen sich ein gummiartiges Polster befindet.

Greifvögel der Berge

Greifvögel gibt es in verschiedenen Lebensräumen, aber nirgendwo sind sie mehr zu Hause als in den Gebirgen, wo sie von starken Luftströmungen getragen werden.

Jäger der Berge

Wenn ihr beim Wandern im Gebirge nach oben schaut, seht ihr vielleicht einen großen Raubvogel am Himmel schweben. Auch wenn es mühelos aussieht, ist ein enormer Energieaufwand erforderlich, um einen so massigen Körper in die Luft zu bringen. Greifvögel nisten deshalb auf Felsvorsprüngen und nutzen die Schwerkraft für den Start. Dank ihres scharfen Sehvermögens können sie weite Landstriche nach Beute oder Aas absuchen – ein großer Vorteil an einem Berghang, an dem die Nahrung knapp sein kann.

AUFWINDE
Thermische Aufwinde entstehen über warmen Flächen. Die an einem Hang nach oben gedrückte Luft bezeichnet man als Hang-Aufwind.

Technik des Fliegens

Der Schlüssel zum Segelflug sind aufsteigende Luftsäulen, sogenannte Aufwinde. Große Greifvögel und Geier suchen nach dunklen Flächen, etwa gepflügten Feldern oder Straßen, die Wärme absorbieren und somit einen thermischen Aufwind erzeugen. Hang-Aufwinde entstehen, wenn Winde auf Berge treffen und nach oben gedrückt werden. Mithilfe von Aufwinden können die Vögel Hunderte von Kilometern weit fliegen, ohne viel Energie zu benötigen.

FEINE FEDERN

Die Federn von Greifvögeln sind an die verschiedensten Aufgaben angepasst. Die Handschwingen sind die größten, äußersten Federn des Flügels – sie treiben den Vogel vorwärts und sorgen dann für Auftrieb. Konturfedern verleihen dem Vogelkörper einen stromlinienförmigen Umriss, während Daunenfedern als Isolierung gegen Kälte dienen.

DAUNENFEDER

KONTURFEDER

FLUGFEDER

FEDERSAMMLUNG
Verlorene Federn verraten etwas über die Vögel der Gegend, auch wenn man keine sieht.

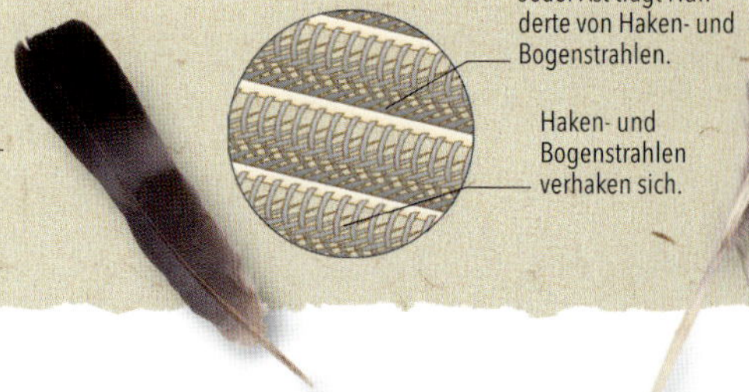

FEDERSTRUKTUR
Federn haben einen zentralen, hohlen Schaft und viele Seitenäste. Diese verhaken sich und bilden eine stabile Fläche.

BARTGEIER
Der Vogel ernährt sich unter anderem von Knochen, die er aus der Luft auf Felsen fallen lässt, um an das Mark zu gelangen.

Vögel der Berge im Flug

GEIER
Geier wie dieser Schmutzgeier haben eine große Flügelspannweite. Sie kreisen auf der Thermik (warme, aufsteigende Luftsäulen) auf der Suche nach Aas.

ADLER
Adler jagen, indem sie sich der Beute von hinten nähern. Steinadler sind an der flachen V-Form zu erkennen, in der sie ihre Flügel halten.

FALKEN
Viele Falken, darunter der abgebildete Wanderfalke und der Merlin, leben in bergigen Landschaften. Der Wanderfalke kann im Sturzflug 320 km/h erreichen.

Berge ganz nah

Die Tierwelt in den Bergen unterscheidet sich von Land zu Land, aber es gibt auch deutliche Unterschiede von einer Höhenstufe zur anderen.

APOLLOFALTER

Schmetterlinge der Berge wandern täglich in größere Höhen und kehren nachts in die tieferen Lagen zurück.

BERGHEXE

SCHIEFER

COULTER-KIEFER-NADELN

Eine Reihe von Nadelbäumen markiert den höchsten Punkt, an dem Bäume wachsen.

COULTER-KIEFER-ZAPFEN

KIEFERNZAPFEN UND -SAMEN

WEISSER GRANIT

FLECHTEN

Gesteine und Fossilien geben einen Einblick in die Geologie der Erde.

AMMONIT

PFERDEBREMSE

Insekten und Spinnen suchen Schutz unter niedrig wachsenden Pflanzen.

GEMEINE WESPE

RADNETZSPINNE

ROTER GRANIT

GRANIT MIT QUARZ-, GLIMMER- UND FELDSPATKRISTALLE

Laubbäume findet man am Fuß des Gebirges.

Auf den Bergwiesen wachsen Wildblumen und Gräser.

Kleinere Koniferen wie Wacholder bilden manchmal einen zweiten Gürtel unterhalb der Baumgrenze.

Die Überreste lassen auf Tierarten schließen, auch wenn man keine lebenden Exemplare sehen kann.

Leben in der Unterwelt

GROSSES MAUSOHR

Höhlen sind vor allem in Kalkstein zu finden, wo sie durch chemische Einwirkungen und Erosion entstanden sind. In ihnen herrschen oft konstante Bedingungen und sie bieten manchen Arten Unterschlupf.

Höhlenbewohner

Tiere in Höhlen lassen sich in drei Kategorien einteilen. Troglobionte leben dauerhaft in Höhlen und kommen nie heraus. Troglophile, etwa der Höhlensalamander, bevorzugen Höhlen, können aber auch anderswo leben. Trogloxene nutzen Höhlen als Unterschlupf oder für bestimmte Lebensabschnitte, kommen aber auch ans Tageslicht. Zu den Trogloxenen gehört eine große Anzahl von Fledermausarten.

HÖHLENBESUCHER
Manche Tiere sind zufällig in Höhlen gelandet, vielleicht durch Wasser hineingespült. So wurden Frösche in Höhlen gefunden, wo sie gut lebten!

STALAKTITEN UND STALAGMITEN

In manchen Höhlen gibt es so etwas wie »Eiszapfen aus Stein«. Sie entstehen durch saures Wasser, das gelösten Kalkstein enthält und durch die Decke der Höhle tropft. Einige der gelösten Mineralien bleiben zurück und bilden Stalaktiten, die von der Decke herabhängen, und Stalagmiten, die aus dem Boden wachsen, wo die Tropfen landen. Dies kann Zehntausende von Jahren dauern und die beiden können sich schließlich zu einer Säule verbinden.

ALTE STALAGMITEN UND STALAKTITEN

SPINNEN
Einige höhlenbewohnende Spinnen, etwa die Große Höhlenspinne, gelten als fotophob – also lichtscheu.

NACHTFALTER
Viele Nachtfalter überwintern als Puppen, die Zackeneule (im Bild) und der Höhlenspanner als erwachsene Tiere in Höhlen.

SPINNENTIERE
Spinnentiere wie dieser Pseudoskorpion fühlen sich in Höhlen wohl. Anders als echte Skorpione hat er keinen Giftstachel.

HÖHLEN ERKUNDEN

Höhlenforschung ist aufregend. Oft führt ein winziger Eingang zu Höhlensystemen mit kilometerlangen Gängen und Räumen so groß wie ein Sportstadion. Allerdings können Höhlen auch sehr gefährlich sein. Man kann leicht den Halt verlieren, und starker Regen kann zu Sturzfluten führen. Stellt sicher, dass ihr gut vorbereitet seid und prüft die Wettervorhersage, bevor ihr eine Höhle betretet. Wenn ihr zum ersten Mal eine Höhle besucht, solltet ihr das nur mit einem erfahrenen Führer tun.

Kreaturen der Dunkelheit

Die dunkelsten Orte der Welt werden von einigen der seltsamsten Tiere bewohnt. Sie haben sich an das Leben in der Dunkelheit angepasst und sich mit rückgebildeten Augen, langen Gliedmaßen, Fühlern und einer erhöhten Empfindlichkeit gegenüber Luftdruck und Temperatur an ihre Umgebung angepasst. Da Nahrung und Sauerstoff unter der Erde knapp sein können, haben Troglobionte oft einen niedrigen Stoffwechsel und eine lange Lebenserwartung. Olme, die in Höhlensystemen in den Dinarischen Alpen leben, können über 60 Jahre alt werden.

OLM

FENSTER ZUR WELT
Während ein Großteil der Höhlen unfruchtbar ist, sind die Eingänge ein Zufluchtsort für das Leben – geschützt und sicher, aber mit leichtem Zugang zur Außenwelt.

PFLANZEN
Die Höhlen sind zu dunkel, um Pflanzen zu beherbergen, aber in den Eingängen wachsen oft schattenliebende Pflanzen, die Skiophyten. Sie sind vor dem Wind geschützt und gedeihen in feuchter Umgebung.

GEGENBLÄTTRIGES MILZKRAUT

RUPRECHTSKRAUT

SAUERKLEE

Seen, Flüsse und Bäche

Manche Seen haben die Größe eines Meers und einige gewaltige Flüsse gehen nahezu unbemerkt in Ozeane über. Unterschiede gibt es abhängig von Breitengrad und Höhenlage sowie in Bezug auf die sie umgebende Umwelt. Unabhängig vom Standort haben jedoch die Möglichkeiten des Lebens im Süßwasser zu einem gewaltigen Artenreichtum geführt – und für viele von uns ist der heimische Gartenteich ein perfektes Tor zur Entdeckung dieser Vielfalt. Wenn ihr euch auf den Bauch legt, könnt ihr den Prozess der Metamorphose beobachten, das Raubtiere, Beutetiere und Pflanzen umfassende Netz des Lebens bestaunen oder euch einfach an einigen Arten erfreuen, die euch sehr fremd erscheinen können.

Hochlandbäche

Diese turbulenten Wasserläufe fließen oft schnell, haben aber auch ruhigere Abschnitte. Sie sind mit Tümpeln durchsetzt, in denen sich Stein- und Köcherfliegenlarven sowie kleine Fische tummeln. An Vögeln leben hier Bachstelzen und Spezialisten wie die Wasseramsel. Im Wasser können nur wenige Pflanzen wachsen, aber Farne und Moose besiedeln die Ufer.

WASSERAMSEL

Seen, Flüsse und Bäche

Das Süßwasser gehört zu den artenreichsten Lebensräumen. Die Wasserbewohner unterscheiden sich nicht nur nach geografischer Lage, sondern auch nach der Wasserchemie und der Fließgeschwindigkeit des Wassers.

Flüsse des Tieflands

Flüsse fließen im Tiefland langsamer als Bäche im Hochland und weisen eine größere Artenvielfalt auf. Im Wasser und an den Ufern wächst oft eine üppige Pflanzenwelt. Eintagsfliegen schwirren umher und legen ihre Eier auf der Wasseroberfläche ab, und Biber leben in Burgen aus Ästen und Schlamm.

EURASISCHER BIBER

EINTAGSFLIEGE

Seen

Flachlandseen sind reich an Nährstoffen und beherbergen viele Tiere. Libellen legen ihre Eier im und am Wasser ab, und Karpfen gründeln am Boden. In Seen im Hochland enthält das Wasser weniger Nährstoffe und daher auch weniger Fischarten. Wasservögel wie die Enten sind jedoch in den meisten Seen zu Hause.

STOCKENTE

LIBELLE

Teiche

Teiche sind meist reich an Nährstoffen und oft voller Pflanzen. Sie sind künstlich angelegt, haben oft keine Verbindung zu Fließgewässern und ihre Bewohner sind entweder saisonale Besucher oder eingeführt worden. Die meisten Insekten, wie etwa die Wasserläufer, haben Flügel.

KANADISCHE WASSERPEST

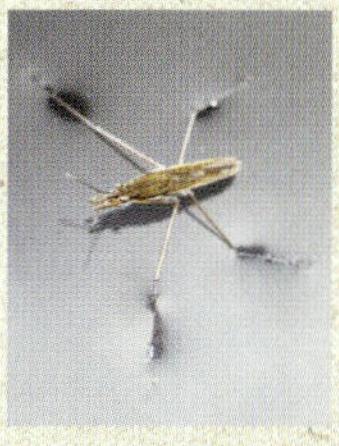

WASSERLÄUFER

Sümpfe und Moore

Diese Lebensräume finden sich im Berg- und im Tiefland. Ein Sumpf ist ein Feuchtgebiet mit kontinuierlicher Wasserbedeckung. Moore haben torfhaltige Böden – Hochmoore sind sauer und Niedermoore neutral bis alkalisch. Ihre Vegetation umfasst Moose, Seggen und Schilf. Zu den Bewohnern gehören Libellen, Amphibien, Schlangen, Wasservögel und Säugetiere wie die Wühlmäuse.

BLÄSSHUHN

EUROPÄISCHE SUMPFSCHILDKRÖTE

LACHMÖWEN-EI

KÖCHER-
FLIEGENLARVE
IM KÖCHER

Achtet auf Nester von Wasservögeln. Haltet Abstand zum Nest und sammelt niemals Vogeleier.

Am Ufer eines Sees

Besucht regelmäßig einen See, um zu sehen, was sich im Lauf des Jahres verändert. Das ruhige Wasser von Tieflandseen ist besonders reich an Pflanzen und Tieren.

Im Winter können die Seen zufrieren, aber Wasservögel können auf offenen Wasserflächen oder dem Eis beobachtet werden. Haltet Ausschau nach balzenden Haubentauchern sowie nach Eisvögeln, die über das Wasser schießen. Im Sommer gibt es weniger Wasservögel. Achtet auf Haubentaucher mit ihren Jungen und nach Libellen, die ihre Eier an den Pflanzen direkt unterhalb der Wasseroberfläche ablegen.

EINTAGSFLIEGE

Sucht euch eine Stelle, an der ihr ins Wasser schauen könnt. Vielleicht seht ihr einen Hecht auf der Lauer.

SCHWANEN-
BLUME

MOSAIK-
JUNGFER

KÖNIGSLIBELLE

Sucht an der Wasseroberfläche nach Libellen, die ihre Eier ablegen. Sich paarende Libellen können am Ufer und in der auftauchenden Vegetation beobachtet werden.

ROHRKOLBEN

Wenn ihr euch die Wasserpflanzen genauer anseht, seht ihr vielleicht eine Libelle auf einem Stängel oder Blatt.

Flussabschnitte

Von kleinen Bächen bis zu großen Mündungen in das Meer – Flüsse prägen die Landschaften, durch die sie fließen.

SPENDER DES LEBENS
Der Gebirgsfluss zeigt, wie Wasser die Landschaft bereichert. Die Bäume säumen die felsigen Ufer des Flusses.

Vom Bach zum Fluss

Viele Flüsse entstehen in höher gelegenen Gebieten. Regen- und Schmelzwasser sowie Wasser aus Mooren speisen die Bäche. Wenn sie bergab fließen, treffen sie auf andere Bäche, und es entsteht ein Fluss, der sich mit anderen Flüssen vereinen kann. Einige Flüsse entspringen im Tiefland. Ihr Wasser stammt aus natürlichen Quellen, die aus unterirdischen Wasserspeichern gespeist werden. Die meisten Flüsse münden in das Meer oder in einen See und verändern sich auf ihrem Weg – und mit ihnen ihr Bestand an Tieren und Pflanzen.

Bäche und Flüsse im Hochland

In diesen sprudelnden, felsigen Gewässern sind Nährstoffe seltener zu finden als im Flachland, weshalb ihr hier weniger Pflanzen und Tiere sehen werdet. Haltet aber Ausschau nach Wasseramseln. Diese kurzschwänzigen Vögel tauchen auf der Suche nach Nahrung in das Wasser.

WASSERBEWOHNER
Wasseramseln sind gut an das Leben in Bergflüssen angepasst. Sie sind in ganz Europa verbreitet.

Mittlerer Abschnitt

Hier ist das Wasser ruhiger und es gibt eine größere Vielfalt an Pflanzen- und Tierarten zu entdecken. Versucht Vögel wie den Gänsesäger zu entdecken. Er besitzt gesägte Schnabelränder, mit denen er glitschige Fische ergreifen kann. Haltet nach den weißen Blüten des Wasserhahnenfußes Ausschau, die auf der Wasseroberfläche schwimmen. Vielleicht findet ihr die Blauflügel-Prachtlibelle – allerdings nur zwischen Mai und September.

BEWOHNER DES GRUNDS
Die Äsche ist ein glatter, silbriger Fisch mit einer großen Rückenflosse, der in Flussbetten nach Larven und anderer Nahrung sucht.

FLIEGENDES JUWEL
Blauflügel-Prachtlibellen sehen exotisch aus und leben an Flüssen und Bächen.

FISCHE SEHEN

Angler tragen polarisierende Brillen, damit sie die Fische im Wasser besser sehen können. Versucht es auch einmal mit solch einer Brille. Es gibt auch Polarisationsfilter für Kameraobjektive, um Spiegelungen abzumildern.

POLARISIERENDE SONNENBRILLE

Tieflandflüsse

In nährstoffreichen Tieflandflüssen leben in der Regel mehr Arten als in höher gelegenen Abschnitten. Die Art der Tiere, die hier leben, wird von der Wasserchemie beeinflusst – alkalischere Gewässer sind oft nährstoffreicher. Die Verschmutzung durch Landwirtschaft oder Kläranlagen kann die Vielfalt der Arten in einem Fluss verringern.

GEDULDIGER JÄGER
Oft sieht man Reiher, etwa diesen Graureiher, die langsam waten, während sie nach Fischen Ausschau halten.

SCHLANGE
Ringelnattern sind gute Schwimmer. Sie können 1,2 m oder mehr lang werden und ernähren sich vor allem von Kröten und Fröschen.

Flussmündungen

Große Flüsse münden ins Meer. Bei Ebbe ist das Watt voller Schnecken, Krebstiere und anderer Wirbelloser, die eine reiche Beute für Vögel darstellen (siehe S. 206–207). Flussmündungen sind nicht immer einfach zu erkunden, also seid sehr vorsichtig, wenn ihr sie erforscht.

HERVORRAGENDER FISCHFÄNGER
Kormorane sind geschickte Fischer. Man kann sie oft dabei beobachten, wie sie ihre Flügel nach einem Tauchgang trocknen.

LEBENSZYKLUS EINES LACHSES

Atlantische Lachse legen ihre Eier im Kies des Flussbetts ab. Die Jungfische bleiben ein bis fünf Jahre, manchmal auch länger, im Süßwasser. Dann wandern sie flussabwärts in den Nordatlantik, wo sie etwa ein bis vier Jahre bleiben. Zum Laichen wandern sie wieder flussaufwärts. Die meisten zurückkehrenden Lachse finden ihren Geburtsfluss anhand des Geruchssinns. Die meisten Lachse laichen nur einmal in ihrem Leben, aber einige Tiere wiederholen ihre Reise und laichen insgesamt bis zu vier Mal.

UNGLAUBLICHE REISE
Auf ihrem Weg zum Laichen springen die Lachse über Wehre und überwinden Höhen von über 3 m.

Flussufer

Macht einen ruhigen Spaziergang am Flussufer oder schaut einfach zu – am besten, wenn keine anderen Menschen in der Nähe sind.

Auwald

Der feuchte Boden eines Flussufers beherbergt eine Fülle von Pflanzen, die wiederum Schutz für wirbellose Tiere bieten, die sich hier vermehren können. Auch Säugetiere, wie etwa der Fischotter, sind am Ufer zu Hause und leben in Verstecken in der dichten Vegetation. Entlang der Ufer sind Weiden und Erlen zu finden. Erlen sind die einzigen Laubbäume mit Zapfen und ihre Samen stellen für viele Vögel eine Nahrung dar. Trauerweiden mit ihren herabhängenden Ästen sind überall an europäischen Flüssen zu finden.

WEIDEN
Es gibt viele Arten und manche Bäume sind Hybriden. Die Bestimmung der Weiden ist schwierig.

ERLEN
Lange männliche Kätzchen (Blütenstände) sieht man im Winter an den Erlen, die zapfenförmigen weiblichen im Frühjahr.

Uferbewohner

Flüsse bedeuten Fisch und daher fühlen sich hier Otter und Nerze wohl. Sie sind an das Leben am Flussufer mit Schwimmhäuten und Schnurrhaaren angepasst, die ihnen die Navigation im Wasser erleichtern. Vielleicht seht ihr einen Otter, doch verwechselt ihn nicht mit dem kleineren Nerz. Biber sind selten zu sehen, aber vielleicht entdeckt ihr ihre Baue oder Dämme.

BAUMEISTER
Biber sind Experten im Fällen von Bäumen: Eine einzige Familie kann in einem einzigen Winter mehrere Hundert Bäume fällen.

Flussfischer

Fischfressende Vögel haben zwei Hauptjagdmethoden – Lauern und Tauchen. Reiher stehen am Ufer und warten auf einen Fisch. Sie fressen aber auch Amphibien, Reptilien und Insekten. Eisvögel sitzen auf ihrem Ansitz und tauchen dann ab, um sich einen kleinen Fisch zu schnappen.

RUHIGER JÄGER
Die Reiherarten sind unterschiedlich groß, aber alle benutzen die gleiche Jagdmethode.

SCHNELLER TAUCHER
Vielleicht seht ihr einen blauen Blitz, wenn ein Eisvogel nach einem Fisch taucht. Zurück auf seinem Ansitz verschluckt er den Fisch mit dem Kopf voran.

1 ERWACHSENE LIBELLE
Die Larve kriecht aus dem Wasser, ihr Außenskelett platzt auf und die erwachsene Libelle kommt zum Vorschein.

2 FLÜSSIGKEIT IN DIE FLÜGEL
Körperflüssigkeit wird in die Flügel der jungen Libelle gepumpt, damit sie ihre volle Form erhalten.

3 PAARUNGSBEREIT
Es kann eineninnerhalb Wochen oder länger dauern, bis eine junge Libelle paarungsbereit ist.

LEBEN EINER LIBELLE

Libellen verbringen den größten Teil ihres Lebens unter Wasser. Die Eier werden am Wasser abgelegt und entwickeln sich zu im Wasser lebenden Larven. Um zu wachsen, können sie sich mehr als zehn Mal häuten. Einige verbringen fünf Jahre unter Wasser. Erwachsene Tiere leben oft weniger als zwei Wochen, manche aber auch zwei Monate.

SCHWIMMHÄUTE
Alle Otter des Süßwassers ernähren sich vor allem von Fischen, fressen aber auch Vögel, kleine Säugetiere oder Frösche. Ihre Schwimmhäute machen sie zu guten Schwimmern.

Bewohner des Ufers

SCHERMAUS
Schermäuse sind kleine Nagetiere, die in Europa und Asien vorkommen. Sie ernähren sich von Uferpflanzen und kleiden mit ihnen auch ihre Höhlen aus.

DONAU-KAMMMOLCH
Dieser Molch lebt in Flüssen, Teichen und Seen in Mittel- und Südosteuropa. Er kann bis zu 13 cm lang oder länger werden.

NACHTREIHER
Der Nachtreiher ist die weltweit am häufigsten vorkommende Reiherart. Er ernährt sich vor allem zwischen der Abend- und der Morgendämmerung von Fischen, Reptilien und sogar Fledermäusen.

WASSERSPITZMAUS
Die Wasserspitzmaus ist in Europa weit verbreitet. Sie kann sehr gut schwimmen und erbeutet wirbellose Wassertiere mithilfe ihres giftigen Speichels.

Wasservögel

Schwäne, Gänse, Enten und Haubentaucher sind nur einige der faszinierenden Vögel, die ihr auf offenen Süßgewässern findet.

ABHEBEN
Vögel wie dieser Trompeterschwan brauchen eine lange Startbahn. Er läuft zuerst über die Wasseroberfläche, um den nötigen Schwung zu bekommen.

Wasservögel und andere Vögel

Feuchtgebiete ziehen alle Arten von Vögeln an – um zu fressen, zu nisten und ihre Jungen aufzuziehen. Zur Familie der Entenvögel gehören Schwäne, Gänse und Enten. Dies ist jedoch nicht die einzige Gruppe von Vögeln, die in diesem Lebensraum lebt: Hier gibt es auch Störche und Reiher. Vielfalt ist hier angesagt – einige Arten bauen schwimmende Nester, andere nisten in Baumhöhlen. Einige ernähren sich von Fischen, andere von wirbellosen Tieren oder Pflanzen.

AGGRESSIVE SHOW
Die Imponierhaltung des Höckerschwans umfasst das Zurückziehen des Halses, das Senken des Schnabels und das Anheben der Flügel.

GRÜNDELN
Viele Wasservogelarten haben lange Hälse, sodass sie beim Gründeln Unterwasserpflanzen erreichen können.

SCHWANENNAHRUNG
Schwäne ernähren sich, indem sie Wasser schöpfen und Nahrung mithilfe ihrer Schnäbel herausfiltern.

ROTHALSGANS
Tausende von Rothalsgänsen überwintern in osteuropäischen Feuchtgebieten und ziehen im Frühjahr nach Norden, um in der Tundra zu brüten.

GRAUGANS
Die meisten Hausgänse stammen von Graugänsen ab. Die Unterarten haben unterschiedliche Schnabelfarben.

Gänse

Sie haben zwar Schwimmhäute an den Füßen, aber Gänse suchen ihre Futterpflanzen eher an Land. Ihre Schnäbel passen zu ihrer harten vegetarischen Ernährung und sie können gut laufen, weil ihre Beine mittig am Körper ansetzen. Männliche und weibliche Vögel sehen sich ähnlich. Meist bleiben die Paare zusammen, brüten im hohen Norden und ziehen in Familienverbänden nach Süden. In manchen Gegenden sind Kanadagänse und Graugänse jedoch das ganze Jahr über zu sehen. Gänse fliegen wie Enten in einer V-Formation.

BLÄSSGANS
Wie alle echten Gänse sind auch Blessgänse nur auf der Nordhalbkugel zu finden. Sie brüten in hohen Breitengraden, aber überwinternde Vögel sind in Europa und den USA zu sehen.

Enten

Enten können in Tauch- und Schwimmenten unterteilt werden. Die Stockente ist eine Schwimmente, die Reiherente und die Bergente sind Tauchenten. Damit sie unter Wasser schwimmen können, sind ihre Beine nach hinten gerichtet, was das Laufen erschwert. Tauchenten sind im flachen Wasser seltener als Schwimmenten, die an der Wasseroberfläche nach Nahrung suchen oder gründeln. Die Beine von Schwimmenten befinden sich weiter vorn, sodass sie besser laufen können. Männliche Enten sind meist am Federkleid von den Weibchen zu unterscheiden. Aber man sollte aufpassen: Wenn die Männchen ihre Flugfedern mausern, können sie den Weibchen recht ähnlich sehen.

BRANDENTE
Dieser Vogel ist in Teilen Europas oft zu sehen. Die Männchen sind größer, heller und haben einen roten Wulst auf dem Schnabel.

MANDARINENTE
Dieser nicht heimische Vogel nistet in Baumhöhlen. Das Männchen ist viel farbenfroher als das unscheinbare Weibchen.

JUNGE AUFZIEHEN
Wie es für Stockenten typisch ist, ist das Weibchen allein für die Betreuung der Küken verantwortlich. Das Männchen hat es wahrscheinlich verlassen, als es gerade die Eier ausbrütete.

Lappentaucher

Die Männchen der Lappentaucher ähneln oft den Weibchen, doch Schlicht- und Brutgefieder unterscheiden sich. Die Füße befinden sich am hinteren Körperende, was die Vögel zu guten Schwimmern macht, doch an Land sind sie unbeholfen. Ihr Name bezieht sich auf die gelappten Zehen. Schwimmende Nester sind üblich und Altvögel transportieren die Küken auf dem Rücken. Nur selten sieht man Lappentaucher im Flug.

HAUBENTAUCHER
Diese europäische Art ist jetzt recht häufig. Im 19. Jahrhundert schmückten ihre Federn die Kleidung der Frauen und die Bestände gingen stark zurück. Überflutete Kiesgruben schufen neue Lebensräume und halfen den Beständen sich zu erholen.

ROTHALSTAUCHER
Diese europäische Art fängt mit ihrem starken, spitzen Schnabel kleine Fische.

HAUBENTAUCHER-BALZ

Bei der Partnersuche setzen Haubentaucher ihren Kopfschmuck ein. Die Partner steigen einander zugewandt aus dem Wasser und schwingen dann ihre mit Wasserpflanzen beladenen Schnäbel von einer Seite zur anderen. Die Balz beginnt im Winter und umfasst auch das Schütteln des Kopfs, was oft zu beobachten ist. Der nordamerikanische Renntaucher ist berühmt für seine Balzzeremonie, bei der die Vögel nebeneinander in Trippelschritten über die Wasseroberfläche eilen.

An der Oberfläche

Schaut euch die Süßwasserlebensräume genau an und ihr werdet sehen, dass viele Tiere an der Wasseroberfläche leben.

Anpassungen an den Lebensraum

Die Wasseroberfläche ist ein Mikrolebensraum, der von speziell angepassten Tieren bewohnt wird. Wasserläufer ernähren sich von Tieren, die ins Wasser gefallen sind. Sie laufen schnell über die Wasseroberfläche, wobei ihre langen Beine ihr Gewicht auf dem Wasser verteilen. Wasserschnecken bewegen sich ebenfalls an der Oberfläche, jedoch auf der Unterseite des Wasserspiegels. Käfer und Rückenschwimmer nutzen die Wasseroberfläche als temporäre Sauerstoffquelle, indem sie vor und nach dem Eintauchen in das Wasser Luft aufnehmen.

OBERFLÄCHENWANZE
Dieser Rückenschwimmer hat lange Beine und wasserabweisende Haare, die es ihm ermöglichen, sich an der Wasseroberfläche fortzubewegen.

WASSERSPINNE
Die Gerandete Jagdspinne hat wasserabweisende Haare an den Beinen, die es ihr ermöglichen, Bewegungen ihrer Beute zu erkennen.

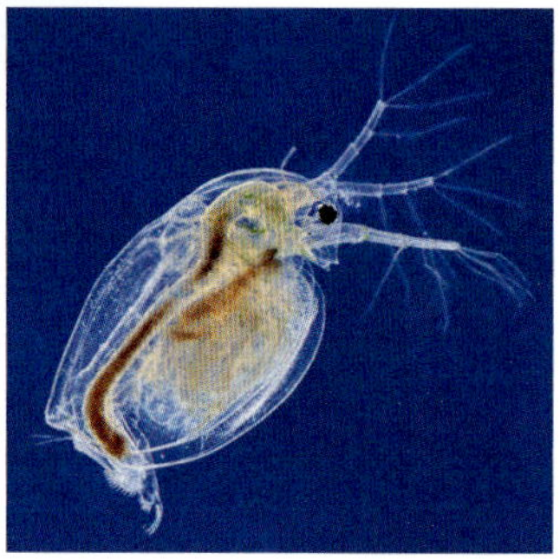

DURCHSICHTIGER KREBS
Es gibt viele verschiedene Arten von Wasserflöhen, die zu den Krebstieren gehören. Sie benutzen ihre verzweigten Fühler, um zu schwimmen und mikroskopisch kleine Nahrungspartikel aus dem Wasser zu filtern.

EMPFINDLICHE HAARE
Wasserabweisende (hydrophobe) Haare verhindern, dass Wasserläufer nass werden und untergehen. Sie sind weit verbreitet und leicht zu entdecken – achtet auf die kleinen Vertiefungen, die ihre Füße auf der Wasseroberfläche hinterlassen.

TEST DER OBERFLÄCHENSPANNUNG

Die Wasseroberfläche wirkt wie ein sehr dünner Film, der stark genug ist, ein geringes Gewicht zu tragen. Diesen Effekt nennt man Oberflächenspannung. Wenn ihr Seifenblasen beobachtet, seht ihr auch die Oberfläche einer Flüssigkeit. Ihr könnt die Oberflächenspannung mit einem Experiment testen. Gebt etwas Wasser in eine Schüssel, nehmt eine Nähnadel und lasst sie auf der Oberfläche schwimmen. Wenn es nicht funktioniert, könnt ihr ein kleines Stück Gewebe auf dem Wasser schwimmen lassen und die Nadel darauf setzen. Drückt das Gewebe nach unten und mit etwas Übung sollte die Nadel nun schwimmen. Jagdspinnen, Wasser- und Teichläufer sind sehr leicht, und ihre langen, behaarten Beine ermöglichen es ihnen die Oberflächenspannung zu nutzen, um auf dem Wasser zu laufen.

Jäger der Wasseroberfläche

Insekten, etwa Fliegen, können auf der Wasseroberfläche schwimmen, wenn sie hineinfallen. Das ist eine gute Nachricht für Teichläufer, Wasserkäfer, Bachläufer und Jagdspinnen, die ihre Beute an der Wasseroberfläche jagen und sich schnell über das Wasser bewegen können, um sie zu fangen. Rückenschwimmer jagen ebenfalls an der Wasseroberfläche, greifen ihre Beute aber von unten an.

BÖSER STICH
Rückenschwimmer sollte man nicht anfassen, da sie stechen. Sie spüren Vibrationen auf der Wasseroberfläche und greifen Fische und Kaulquappen mit ihren Mundwerkzeugen an.

OPPORTUNIST
Teichläufer fangen Wasserflöhe, die im Wasser leben, und fressen auch Insekten, die auf der Wasseroberfläche gelandet sind.

RÄUBERISCHE FLIEGE
Einige Langbeinfliegen leben auf der Oberfläche und ernähren sich von Stechmücken und anderen Insekten.

BLITZSCHNELL
Taumelkäfer schwimmen im Kreis. Ihre Augen sind geteilt, um Fressfeinde und Beute über und unter der Wasserlinie zu sehen.

WASSERJÄGER
Achtet auf die orangefarbene Zeichnung der Bachläufer. Auf der Jagd nach Nahrung können sie sehr schnell sein.

Tümpeln

In einem Teich wimmelt es von Leben. Das Tümpeln ist eine einfache Möglichkeit, die Natur näher kennenzulernen.

Das Leben im Teich

Sucht euch einen sicheren Platz am Teichrand. Verwendet einen langstieligen Kescher mit feinen Maschen. Um verschiedene Arten zu fangen, taucht das Netz nicht nur in das offene Wasser ein, da einige Lebewesen an den Pflanzen im Schlamm leben.

WECKGLAS
Gebt etwas Teichwasser in ein Glasgefäß und leert das Netz hinein. Seht nach, was ihr gefangen habt, wenn sich der Inhalt gesetzt hat. Bringt den Fang aber zurück in den Teich.

BALZTANZ
Teichmolche leben in Feuchtgebieten. Während der Brutzeit wird das Weibchen durch die Flecken und den wedelnden Schwanz des Männchens angelockt.

Brutsaison

Wenn ihr im April und Mai einen Teich besucht und nachts mit einer Taschenlampe in das flache Wasser leuchtet, könnt ihr mit etwas Glück Molche beim Balzen beobachten. Molche leben an Land, vermehren sich aber im Wasser. Vielleicht könnt ihr ein Männchen erkennen. Es trägt einen Kamm und ist bunter als das Weibchen. Es benutzt seinen Schwanz, um Pheromone (chemische Botenstoffe) durch das Wasser zum Weibchen zu wedeln, und gibt dann eine Spermatophore (ein Samenpaket) in der Nähe des Weibchens ab.

KAULQUAPPEN-ENTWICKLUNG

Die Verwandlung vom Froschlaich zum Frosch ist faszinierend zu beobachten. Das flache Wasser eines Gartenteichs ist ideal für die Aufzucht von Kaulquappen. Haltet den Teich gut bepflanzt, um den jungen Fröschen Nahrung und Verstecke zu bieten.

1 GESCHLÜPFTE KAULQUAPPE
Die Kaulquappen schlüpfen nach 30 bis 40 Tagen. Sie fressen den Laich und später Algen. Man kann ihnen auch gehackten Salat in Eiswürfeln anbieten.

2 ENTWICKELTE HINTERBEINE
Im Alter von sechs bis neun Wochen entstehen die Hinterbeine. Seerosen, Äste und Steine dienen der Kaulquappe als Versteck.

3 ALLE BEINE ENTWICKELT
Etwa ab der elften Woche sind die Vorderbeine voll entwickelt. Stellt Steine oder ein Stück Holz bereit, damit die Tiere aus dem Wasser klettern können.

4 JUNGFROSCH
In der zwölften Woche fressen die Jungfrösche kleine Wirbellose. In zwei oder drei Jahren sind sie selber geschlechtsreif.

Sümpfe und Moore

Wenn ihr eine Vielzahl von Arten in der Natur erleben möchtet, solltet ihr einige Zeit in einem dieser Feuchtbiotope verbringen.

Insekten fressende Pflanzen

Am besten kann man Sonnentau in feuchten Lebensräumen, etwa Mooren, beobachten, die nährstoffarm sind, da das Wasser kaum zu- oder abfließt. Die Pflanzen erhalten die benötigten Nährstoffe durch den Fang von Insekten. Die Haare auf den Blättern haben am Ende eine Drüse, die eine klebrige Substanz absondert. Ist ein Insekt gefangen, rollen sich die Ränder des Blatts ein, und Enzyme helfen das Insekt zu verdauen. Sonnentau ist nicht die einzige fleischfressende Pflanze – auch Wasserschläuche, Fettkräuter und Wasserfallen fangen Wirbellose.

WASSERWELT
Selbst im feuchtesten Sumpfgebiet findet man eine Fülle von Pflanzen. Röhricht wird von Schilf und Rohrkolben dominiert, während in Sumpfwäldern Zypressen gedeihen.

ARTENVIELFALT
Es gibt etwa 150 Sonnentau-Arten. Der Langblättrige Sonnentau hat ein großes Verbreitungsgebiet und wächst in Europa, Nordamerika und Japan.

SCHILFBEWOHNER
Beobachtet den Rand eines Röhrichts – vielleicht seht ihr eine Wasserralle. Achtet auch auf ihre verschiedenen Rufe.

Röhrichtvögel

Einige Vögel haben sich an das Leben in Röhrichten (von Schilf dominierten Feuchtgebieten) angepasst. Viele Rallen sind so schlank, dass sie die Vegetation durchdringen können, und Rohrdommeln sind gut getarnt. Teichrohrsänger weben ihre Nester um Schilfstängel herum. Wenn das Schilf wächst, schiebt sich das Nest mit ihm nach oben.

RÖHRICHTBEWOHNER
Achtet auf Bartmeisen in eurasischen Schilfgebieten, wo sie im Winter Schilfsamen fressen. Ihre Ping-Ping-Rufe könnten euch helfen, sie zu finden.

STILLER JÄGER
Rohrdommeln, Silberreiher und dieser Purpurreiher brüten in Sümpfen. Sie ernähren sich von Amphibien, Fischen und Insekten.

NATURPRODUKTE

Schilf wird zwar noch als Dachbedeckung verwendet, ist aber nicht die einzige vom Menschen genutzte Feuchtgebietspflanze. Auch Seggen werden für Strohdächer geerntet, und in einigen Gebieten wurde Torf als Brennstoff genutzt. Die Brunnenkresse ist eine Sumpfpflanze, die schon im 18. Jahrhundert im Raum Erfurt angebaut wurde. Sie wird heute in Italien, den Niederlanden und Spanien kultiviert.

Bewohner der Feuchtgebiete

Sümpfe und Moore bieten vielen Arten ein Zuhause. Die hier gezeigten sind nur einige von ihnen. Ihr werdet natürlich nicht alle Arten an allen Orten finden, aber wenn ihr euch mit offenen Augen und einem großen Interesse fortbewegt, solltet ihr schon etwas Besonderes sehen.

1 Die Moorlilie blüht in sauren europäischen Mooren zwischen Juli und September. Sie trägt orangefarbene Früchte.

2 Das Schilfrohr gedeiht in Europa, den USA und Asien. Es kann bis zu 3 m oder mehr hoch werden. In der Blütezeit zeigt es violette Blüten.

3 Die Cranberry ist in Europa, Asien und Amerika verbreitet und hat rosa Blüten, die zwischen Juni und August zu sehen sind.

4 Die Schwertlilie ist eine charakteristische Pflanze, die in Europa, den USA, Nordwestafrika und Teilen Asiens wächst. Sie blüht zwischen Juni und August und wird über 1 m hoch.

5 Die Waldeidechse kommt in verschiedenen Lebensräumen vor. Haltet an warmen Sommertagen Ausschau nach ihr.

6 Ringelnattern werden bis zu 1,5 m lang und halten sich gern in Feuchtgebieten auf. An heißen Tagen sieht man sie in Süßwassertümpeln nahe der Oberfläche schwimmen.

7 Der Moorfrosch ist in Europa und Asien beheimatet. Er kann 15 cm Länge erreichen, manchmal auch mehr. Haltet nach Fröschen auf Seerosenblättern Ausschau.

8 Feuerlibellen leben am ruhigen, seichten Wasser von Sümpfen in Südeuropa. Sie werden etwa 4 cm lang.

9 Die Bekassine kann die Spitze ihres langen Schnabels unabhängig von seinem Rest öffnen. Die empfindliche Spitze dient dazu nach Nahrung zu tasten.

FIEBERKLEE
Diese Pflanze ist in Europa, Asien und Nordamerika beheimatet. Ihre rosaweißen Blüten blühen zwischen April und Juni.

Küste

Die Schnittstelle zwischen Land und Meer gehört in allen Breitengraden zu den reichhaltigsten Lebensräumen der Erde, denn sie bietet die Voraussetzungen für eine immense Vielfalt an Lebewesen. Berücksichtigt man noch eine große Zahl von geologischen und geografischen Variablen, wird diese Vielfalt noch größer. Vom Watt bis zu den Mangroven, von den Sand- bis zu den Kiesstränden, von den hoch aufragenden Klippen bis zu den Gezeitentümpeln gibt es eine gewaltige Artenvielfalt an den Küsten. Hier könnt ihr auch viele Meeresorganismen kennenlernen, ohne nass zu werden!

Sand

Sand ermöglicht verschiedene Lebensräume. Viele Wirbellose bewohnen den von der Flut überspülten Strand und locken Vögel wie Sanderlinge an. Trockener Sand wird zu riesigen Dünen aufgetürmt, die von Pflanzen wie Stranddistel oder Strandhafer befestigt werden und einen reichen, aber ökologisch anspruchsvollen Lebensraum für die Tierwelt bilden.

STRANDDISTEL

SANDERLING

Strände

Strände werden durch den Einfluss des Meers, das Sedimente abträgt und wieder ablagert, geschaffen und geformt. Die Beschaffenheit eines Strands hängt jedoch von der Geografie und Geologie des angrenzenden Landes ab.

Felsen

Die Wellen besitzen eine große Erosionskraft, der selbst die härtesten Felsen nicht widerstehen können. So bilden sich Klippen, aber auch steinige Strände. Sie sind eine Quelle der Erkundung und Inspiration für jeden Naturforscher. Jeder Gezeitentümpel ist ein kleines Meer, in dem eine Vielzahl von Meereslebewesen wie Muscheln, Seeanemonen und Algen lebt.

MIESMUSCHEL

SEEANEMONE

TANG

Korallen

ZWERGSEE-SCHWALBE

Der strahlend weiße Sand vieler tropischer Küsten und einiger Strände im Mittelmeerraum ist aus den Überresten von Korallen entstanden. In höheren Breiten werden ähnliche Strände aus Quarzsand und zermahlenen Muscheln gebildet. Beides sind lokale Strandtypen, die die örtlichen Sedimentquellen widerspiegeln. Alle diese Strände sind reich an Vogelarten. Einige, etwa die Zwergseeschwalben, ernähren sich von den Küstentieren und nisten am Strand.

KORALLENRIFF

STACHELSCHNECKE

Kiesel

Kiesel sind ebenfalls ein Produkt der Erosion. Sie werden entlang einer Küstenlinie abgelagert und manchmal von Sturmfluten aufgetürmt. Während auf der Seeseite im Sommer einjährige Pflanzen wachsen, gedeihen weiter im Inland trockenheitstolerante Stauden wie Meerkohl und Mauerpfeffer. Bodenbrütende Vögel wie Seeschwalben fühlen sich zwischen den Kieselsteinen und Pflanzen wohl.

MEERKOHL

MAUER-PFEFFER

SANDDORN

Wenn ihr den Sanddorn im Herbst beobachtet, könnt ihr Vögel wie zum Beispiel Drosseln sehen, die sich vor dem Vogelzug an den energiereichen Beeren stärken.

HUMMEL

Bestäubende Insekten sind in derart unwirtlichen Lebensräumen selten. Daher sind große Blüten nötig, um sie anzulocken.

Strandspaziergang

Ein kahler, windgepeitschter Strand ist im Winter nur von den Rufen der Seevögel erfüllt. Doch der Sommer bringt neue Farben, Düfte und Geräusche mit sich.

Ob Strände nun aus Sand oder aus Kies bestehen – das Wasser versickert und die Pflanzen müssen sich mit der Trockenheit arrangieren. Haare oder Wachsschichten und fleischige Stängel sind Anpassungen der Gewächse, um Wasser zu sparen. Große, auffällige Blüten locken bestäubende Insekten an, die wiederum Libellen und andere Räuber aus ihren Süßwasserbiotopen auf den Plan rufen.

GELBER HORNMOHN

BLAUGRÜNE MOSAIKJUNGFER

GEWÖHNLICHER NATTERNKOPF

Achtet auf nektarreiche Blüten, die für Schwärmer und Schwebfliegen eine wichtige Nahrungsquelle sind.

Vorsicht! Bodenbrütende Vögel wie der Regenpfeifer legen ihre Eier am Strand ab und verlassen sich zum Schutz auf deren Tarnung.

Taucht in das Laub ein oder sucht nachts mit einer Taschenlampe nach Insektenlarven. Gefährdet durch Trockenheit und Fressfeinde, verstecken sie sich tief im Bewuchs.

ROTE SPORNBLUME

RAUPEN DES KLEINEN KOHLWEISSLINGS

REGENPFEIFER-EI

GÄNSEDISTEL

Gezeiten

Die Kenntnis der Gezeiten ist nicht nur aus Sicherheitsgründen für die Erkundung von Küstenlebensräumen wichtig. Die Gezeiten beeinflussen alles in ihrer Nähe.

Die Gezeiten verstehen

Da sich die Erde um ihre Achse dreht, durchläuft jeder Punkt der Erdoberfläche alle 24 Stunden zwei Flutwellen. Diese Wölbungen entstehen durch die Anziehungskraft des Monds auf die Erde. Ebbe und Flut treten zweimal täglich im Abstand von etwas mehr als zwölf Stunden auf, da die Mondbahn ihre Position relativ zur Erde ständig leicht verändert.

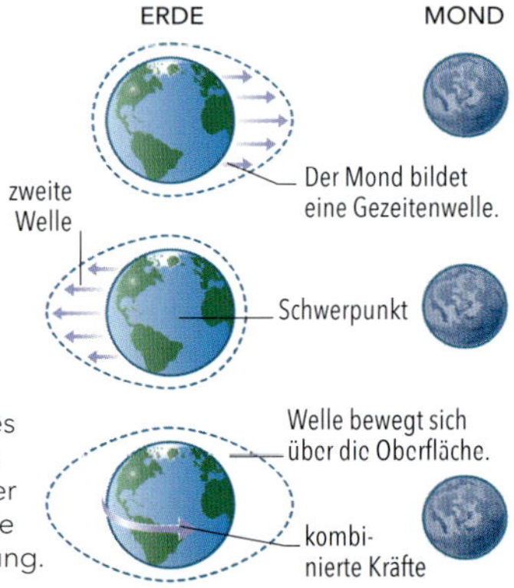

EINFLUSS DES MONDS
Sobald die Schwerkraft des Monds das Wasser zu ihm hin zieht, bildet sich auf der gegenüberliegenden Seite der Erde auch eine Wölbung.

GEZEITENTABELLE

Gezeitentabellen verraten, wann an einem bestimmten Tag Hoch- und Niedrigwasser auftreten, und sie sagen den Tidenhub voraus. Lernt, sie zu benutzen – sie können Leben retten. Allerdings handelt es sich nur um Vorhersagen. Sowohl der Zeitpunkt als auch der Wasserstand können durch Wetterbedingungen beeinflusst werden. Überprüft die Gezeiten auch immer wieder visuell.

KLIPPENASSEL

4 Gischtzone

Dieses Gebiet steht noch stark unter dem Einfluss des Meers. Die Gischt macht es nötig, dass die hier lebenden Tiere, etwa Schnecken, Salz ertragen können. An exponierten Küsten kann diese Zone Hunderte von Metern breit sein.

STRANDSCHNECKE

3 Obere Gezeitenzone

Die Arten müssen Luft und Wasser unterschiedlicher Salzgehalte tolerieren. Bei heißem Wetter verdunstet das Meerwasser und wird salziger, bei feuchtem Wetter wird es verdünnt. Arten wie der Rinnentang können diese Extreme tolerieren, andere, wie die Seeanemonen, überleben in Gezeitentümpeln.

RINNENTANG

PFERDEAKTINIE

GESTRANDETE QUALLE
Wenn die Flut zurückgeht, kann sie einige Meerestiere, etwa Quallen, zurücklassen.

Schaut genau hin, aber berührt sie nicht – sie kann noch nesseln!

Gezeitenzyklen

An den meisten Orten dauert der Zyklus von Ebbe und Flut etwas mehr als zwölf Stunden, aber es gibt auch weitere Zyklen. Bei Voll- und Neumond ist die Flut höher und die Ebbe niedriger (Springtide), dazwischen gibt es die Nipptide – niedrigere Flut und höhere Ebbe. Die höchsten Tiden treten um die Frühjahrs- und Herbst-Tag-und-Nacht-Gleichen auf.

EBBE UND FLUT
Das Auf und Ab der Gezeiten verändert die Landschaften der Küsten und ihren Verlauf. Tiere und Pflanzen in Gezeitenzonen müssen sich ständig anpassen.

KRAFT DER GEZEITEN

In bestimmten Flussmündungen entsteht bei auflaufender Flut eine Flutwelle, die mehrere Meter hoch sein und weit stromaufwärts vordringen kann. Sie kann durch Gezeitenkraftwerke genutzt werden – eine umweltfreundliche, erneuerbare Energiequelle, die jedoch die gezeitenabhängige Tierwelt ernsthaft schädigen kann.

SURFER AUF EINER GEZEITENWELLE

: Mittlere Gezeitenzone

iese Zone ist nicht nur ständigen Vellen ausgesetzt, sondern wird auch bwechselnd mit Meerwasser bespritzt und der Luft ausgesetzt. Hier dominieren Braunalgen und hier findet man Tiere wie Krebse, Wellhornschnecken und Seepocken.

TASCHEN-KREBS

BRAUNALGE

PURPUR-SCHNECKE

SEEPOCKEN

1 Untere Gezeitenzone

Hier dominiert das Meerwasser und die Tiere müssen nur kurze Zeit an der Luft überleben. Allerdings herrscht ständige Brandung, sodass die Algen ledrig sind. Tiere wie Wattwürmer leben im Boden und Seesterne verankern sich mit ihren Röhrenfüßchen.

SEESTERN

WATTWURM UND WURM-HAUFEN

Sand und Kies

Küsten werden vom Meer geformt, da die Gezeiten, Wellen und Strömungen ständig Material abbauen und transportieren.

Klippen werden durch die Wellen erodiert. Das Gestein wird in immer kleinere Fragmente zerlegt, die vom Wasser entlang der Küste transportiert werden können, bis die Stärke der Strömung sie nicht mehr tragen kann. So werden die Sedimente nach Größen sortiert – je kleiner das Teilchen ist, desto weiter wird es vom Ort der Erosion weggetragen. Jeder Sedimenttyp bietet unterschiedliche Lebensräume mit einer charakteristischen Vielfalt an Pflanzen und Tieren.

VERDRIFTUNGSRICHTUNG
Ihr könnt feststellen, in welche Richtung das Meer Sediment transportiert, indem ihr auf den Seiten einer Landzunge nach einer Materialanhäufung sucht.

Untersucht die Felsbrocken am oberen Ufer auf Seepocken. Achtet auf festen Untergrund!

FELSBLÖCKE
Kantige Felsbrocken, die von einer Klippe abgebrochen sind, werden allmählich abgerundet und durch die Erosionswirkung des Meers verkleinert, wie es bei diesen Felsbrocken an der Südküste Englands der Fall ist.

SEDIMENT
Durch die Strömungen in Größenklassen sortiert, werden unterschiedliche Sedimente an verschiedenen Stellen abgelagert. Der feine Schlick lagert sich nur in geschützten Bereichen ab, wie zum Beispiel im Windschatten einer Landzunge oder im Zentrum eines Ästuars, und bildet Schlickwatten und Salzwiesen.

GESTEINSFORMATIONEN

Durch Erosion entstehen nicht nur Sedimente, sondern auch geologische Besonderheiten. Klippen sind selten einheitlich – die Zusammensetzung der Gesteine variiert. Einige sind anfälliger für Erosion als andere und unterschiedliche Erosionsraten können ganze Gebirge formen. Auf lokaler Ebene kann eine Schwachstelle im Felsen von den Wellen ausgehöhlt werden, sodass schließlich aus dem restlichen Material ein Bogen entsteht. Irgendwann stürzt der Bogen durch die Schwerkraft ein und hinterlässt einen Pfeiler.

Sucht nach Erosionsstellen, in denen das Gestein weicher war.

BIENENWABE
Sedimentgesteine weisen Schichten unterschiedlicher Härtegrade auf. Wasser oder Sand tragen die Schwachstellen ab, sodass fast künstlerische Erosionserscheinungen entstehen.

LANDZUNGE
Sand und Kies erstrecken sich wie eine Nehrung über die Mündung eines Ästuars im Südwesten Englands.

Feine Schotterpartikel halten Wasser und organische Stoffe zurück, sodass hier wirbellose Tiere leben können.

Sand ist die Grundlage für einige der beliebtesten Lebensräume – Dünen für die Tierwelt und Strände für uns.

4–2 mm Durchmesser

2–0,125 mm Durchmesser

DÜNEN
Der vom Wasser und vom Wind getragene Sand kann sich auftürmen und große Wanderdünen bilden, etwa die Dune du Pilat in Frankreich.

SCHWARZER SAND
Die Farbe des Sands spiegelt die Farbe des Ausgangsgesteins wider. Der schwarze Sand auf Fuerteventura ist aus Lava entstanden.

Gezeitentümpel

Gezeitentümpel sind ein Fenster in eine Unterwasserwelt mit Meereslebewesen, die sonst nur für Taucher oder Schnorchler zu sehen sind.

SICHERHEIT
Seid vorsichtig. Felsen können rutschig sein, Pfützen tief und manchmal von Algen verdeckt. Behaltet immer die Gezeiten im Auge.

Verschiedene Gezeitentümpel

Wenn die Flut zurückgeht, kommen Gezeitentümpel aller Größen zum Vorschein. Tiefe Tümpel mit Überhängen und Spalten bieten mehr Nischen für Pflanzen und Tiere und außerdem Schutz vor den Wellen. Flachere Tümpel beherbergen ein geringeres Spektrum an Lebewesen.

TIEFER GEZEITENTÜMPEL

VERSCHIEDENE TIEFEN
In flachen Tümpeln gibt es größere Schwankungen des Salzgehalts und der Temperatur, sodass es für die Tiere viel schwieriger ist, dort zu überleben.

SEICHTER GEZEITENTÜMPEL

Leben im Gezeitentümpel

Jeder Tümpel ist ein Mikrokosmos, in dem sowohl Raub- als auch Beutetiere leben. Die Dramen des Lebens und des Tods spielen sich vor euren Augen ab, wenn ihr in den Tümpel schaut. Für die meisten Organismen zahlt es sich aus sich gut zu verstecken. Schaut zwischen den Algen, unter den Felsen und tief in den Felsspalten nach. Achtet genau auf die Felsen, denn einige Tiere, etwa manche Krebse, sind Meister der Tarnung.

GUCKKASTEN

Von der Wasseroberfläche reflektiertes Licht kann es schwer machen, etwas im Wasser zu sehen. Sonnenbrillen mit polarisierenden Gläsern helfen die Blendung zu reduzieren, aber noch besser ist es, einen einfachen Unterwasser-Guckkasten zu verwenden.

1 Nehmt eine Plastikdose für Eiscreme und entfernt den Boden mit einem Messer.

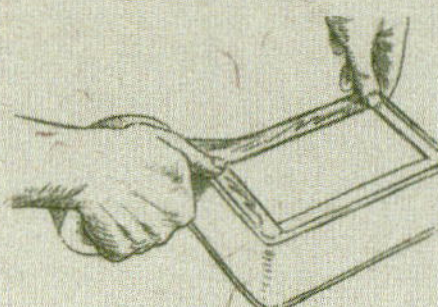
2 Beklebt alle scharfen Kanten sorgfältig mit wasserfestem Klebeband.

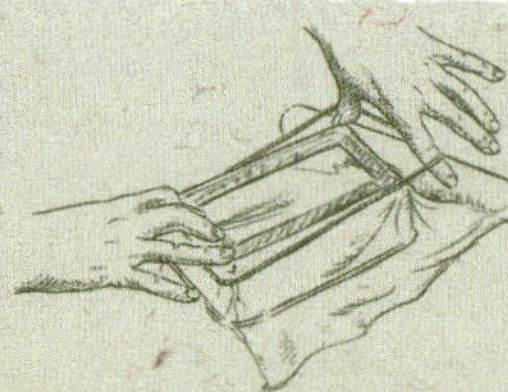
3 Legt Frischhaltefolie straff über den Boden und befestigt sie mit einem Gummiband.

4 Haltet das bedeckte Ende knapp unter die Wasseroberfläche und schaut in den Kasten.

Überlebensstrategien

Gezeitentümpel ermöglichen es Meerestieren, bei Ebbe weiter oben am Ufer zu überleben, da sie dort vor dem Austrocknen geschützt sind. Tiere, die auf der Speisekarte von Raubtieren wie den Seesternen stehen, müssen jedoch andere Schutzmaßnahmen ergreifen, etwa am Rand des Tümpels leben, wo die Fressfeinde nicht hinkommen – zumindest bis zur Flut.

GUT VERSCHLOSSEN
Außerhalb des Wassers schließen die Muscheln ihre Schalen. Vögel wie die Austernfischer können die Schalen jedoch mit dem Schnabel aufbrechen.

EINGEZOGEN
Die Seeanemonen (grün, oben) öffnen sich nur unter Wasser. Bei Ebbe ziehen sie sich in den Körper zurück und bilden einen runden, gallertartigen Klumpen.

VERSCHIEDENE NISCHEN

Jeder Teil eines Gezeitentümpels beherbergt etwas: am Rand Napfschnecken und Seepocken, im tiefen Wasser Seeanemonen und Fische und zwischen den Algen Krebse.

SCHNECKENNARBEN

Unter Wasser gleiten die Napfschnecken über die Felsen und ernähren sich von Algen. Da sie die Luft nicht vertragen und von Vögeln angegriffen werden, saugen sie sich bei Ebbe an die Felsen an. Da sie immer zur gleichen Stelle zurückkehren, entsteht eine flache Vertiefung, die noch lange sichtbar ist.

Sucht nach Napfschneckenvertiefungen auf den Felsen.

Gezeitentümpelbewohner

SEESTERN

Er zieht die Schalen der Muscheln, die er frisst, mit seinen zahlreichen Saugfüßen auseinander.

GRUNDEL

Die gesprenkelte Zeichnung kann es schwer machen den Fisch zu entdecken.

SÄGEGARNELE

Mit dem transparenten Körper verschmilzt die Garnele mit ihrem Hintergrund.

EINSIEDLERKREBS

Er schützt sich, indem er seinen Körper in ein Schneckenhaus zwängt.

SEEIGEL

Man kann Seeigel in tiefen, küstennahen Gezeitentümpeln finden.

Vögel der Küste

Auf der ganzen Welt leben besonders viele Vögel an den Küsten, wo sie von einem reichhaltigen Nahrungsangebot profitieren.

Auf die Küste spezialisiert

Vögel leben überall dort, wo es Nahrung gibt. Die zweimal täglich auftretenden Gezeiten liefern Nährstoffe, die eine vielfältige Nahrungskette begründen. An ihrer Spitze stehen die Vögel. Wenn sich die Flut zurückzieht, suchen Watvögel und Möwen nach Wirbellosen. Viele Vögel brüten in Küstennähe – manchmal in riesigen Kolonien –, während andere die Küsten im Rahmen des Vogelzugs aufsuchen.

HARTER WETTBEWERB
Um den Wettbewerb zu verringern, unterscheiden sich die Arten in ihrem Verhalten, sodass jede ihre eigene Nahrungsnische besetzt.

Möwen

Als Generalisten ernähren sich Möwen opportunistisch von einer breiten Palette an Nahrungsmitteln, von Fischen bis zu Regenwürmern, von Aas bis zu Haushaltsabfällen. Ihre kräftigen Schnäbel und ihr robustes Verdauungssystem machen viele Möwenarten sehr anpassungsfähig. Man findet Möwen fast überall, von den Dächern der Städte – also den künstlichen Klippen – bis hin zu den offenen Meeren.

FUSSABDRÜCKE IM SAND
Sand und Schlick können den Besuch von Vögeln durch Fußspuren und Speiballen (die unverdaulichen Überreste von Mahlzeiten) verraten.

Seeschwalben

Die meisten Seeschwalben schweben in der Luft und erbeuten Fische im Sturzflug. Die Küken werden gefüttert, bis sie fliegen können. Daher befinden sich die Brutkolonien in der Nähe von guten Futterplätzen. Ansonsten bleiben die Seeschwalben weiter draußen auf dem Meer. Die Küstenseeschwalbe legt in ihrem Leben beim Vogelzug durchschnittlich 2,4 Millionen Kilometer zurück – das entspricht drei Hin- und Rückflügen zum Mond.

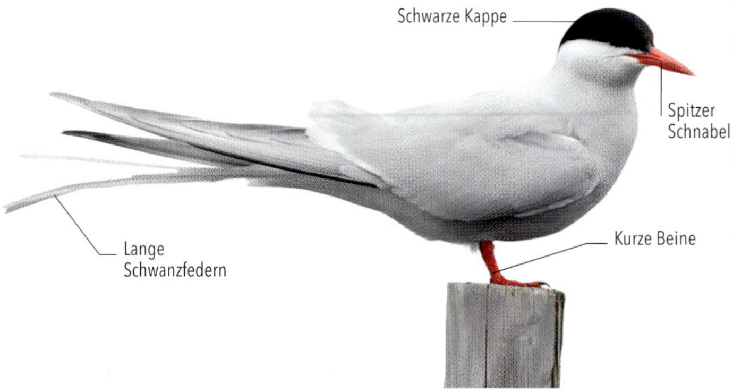

IM FLUG
Der gegabelte Schwanz, die langen Flügel und der elegante Flug haben den Vögeln den Namen »Seeschwalbe« eingebracht.

Watvögel

Durch die Kombination von langem Schnabel und langen Beinen sind Watvögel gut an den Fang von wirbellosen Tieren im Schlick angepasst. Unterschiedliche Schnabellängen und -formen ermöglichen den Zugang zu verschiedenen Beutetieren, während längere Beine den Aufenthalt in tieferem Wasser ermöglichen. Watvögel versammeln sich vor allem bei Flut an Schlafplätzen, wenn ihre Futterplätze nicht zugänglich sind.

SPITZER SCHNABEL
Mit seinem spitzen Schnabel kann der Austernfischer die Schalen der Muscheln aufstemmen.

AUSTERNFISCHER

GROSSER BRACHVOGEL

WIESENSTRANDLÄUFER

SANDREGENPFEIFER

SÄBELSCHNÄBLER

WIE WATVÖGEL FRESSEN

Die Länge des Schnabels eines Watvogels verrät, wovon er sich ernährt. Einige nutzen visuelle Anhaltspunkte, indem sie an der Oberfläche nach Nahrung suchen, Steine umdrehen oder Löcher im Sand untersuchen. Andere verlassen sich auf den Tastsinn, wobei sie spezielle Muskeln einsetzen, sodass sie die Schnabelspitze tief im Schlamm öffnen und ihre Beute fangen können. Oft bringen die Vögel ihre Nahrung an die Oberfläche, um sie zu waschen, sodass wir sie gut erkennen können.

SCHNABELLÖCHER

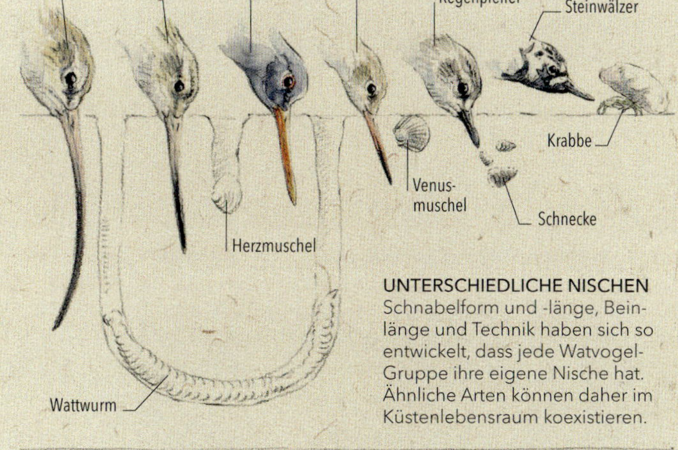

UNTERSCHIEDLICHE NISCHEN
Schnabelform und -länge, Beinlänge und Technik haben sich so entwickelt, dass jede Watvogel-Gruppe ihre eigene Nische hat. Ähnliche Arten können daher im Küstenlebensraum koexistieren.

Robbenkolonie

Obwohl sie viel Zeit im Wasser verbringen, gebären Robben ihre Jungen an Land. Viele leben in Kolonien.

Die Robben bilden eine Gruppe von warmblütigen Säugetieren. Sie leben zum Teil im Wasser und zum Teil an Land – ihre Flossen und torpedoförmigen Körper ermöglichen es ihnen zu tauchen und sich anmutig im Wasser zu bewegen. Die Gruppe wird in drei Familien unterteilt: Walrosse, Ohrenrobben und Hundsrobben. Zu den Hundsrobben gehört der Seehund, der in der nördlichen Hemisphäre weit verbreitet ist. Im Nordatlantik bilden Seehunde oft gemischte Kolonien mit Kegelrobben. Die Paarung der Seehunde findet im Wasser statt. Zum Ausruhen und zur Aufzucht der Jungen kommen sie an Land. Die Jungtiere können sofort schwimmen und daher können sich die Brutkolonien auf Sandbänken und flachen Stränden befinden. Bei den Kegelrobben findet die Paarung an Land statt. Die Bullen kämpfen um die besten Strandabschnitte und damit um die meisten Weibchen. Ihre Jungen können in den ersten Wochen nicht schwimmen, bis sie ihr weißes Fell verloren haben. Sie werden auf Felseninseln oder auf Packeis geboren, das nicht in Reichweite der Gezeiten liegt.

BESUCH EINER ROBBENKOLONIE

Robbenkolonien sind oft vom Land oder vom Meer aus leicht zu sehen. Man muss darauf achten sie nicht zu stören. Die Jungtiere können von ihren Müttern getrennt werden, wenn eine Kolonie aufgeschreckt wird. Jede Art hat ihre eigene Brutzeit: Seehunde werden in den Sommermonaten geboren, Kegelrobben eher im Winter. Die Zeitpunkte variieren je nach geografischem Gebiet. Daher solltet ihr euch von Experten vor Ort beraten lassen.

BOOTSAUSFLUG
Robbenkolonien dienen oft als Ausflugsziele. Hier sollten die Besucher jedoch mehr Abstand halten, um die Tiere nicht zu stören.

KEGELROBBEN
Kegelrobbenjunge bleiben nach der Geburt mehrere Wochen lang an Land, aber Sturmfluten können sie auf das Meer hinausspülen.

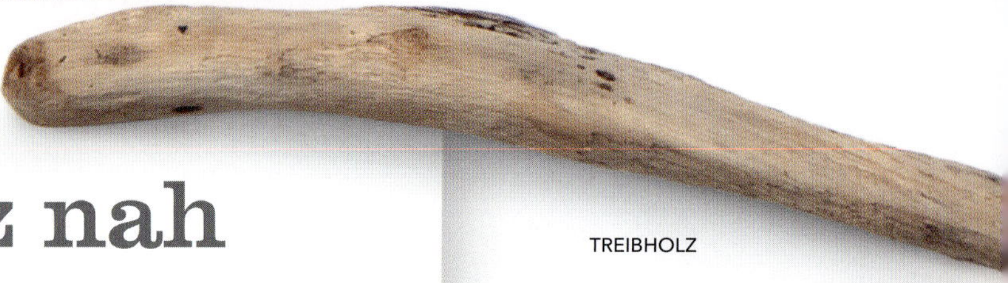

TREIBHOLZ

Strand ganz nah

Wenn ihr an einer Gezeitenzone entlanggeht, werdet ihr die Überreste von Organismen finden, die an Land gespült oder vom Meer mitgerissen wurden.

ENTENMUSCHEL

JAKOBSMUSCHEL

SCHWAMM

KIESEL

Steine werden vom Meer geglättet. Sie können Fossilien enthalten.

FOSSIL EINES AMMONITEN

NAPFSCHNECKE

Schalen liegen nicht nur am Strand, sondern sind auch im Sand verborgen.

SCHNECKENHAUS

EIKAPSEL EINES HAIS

SANDDOLLAR

WELLHORN-SCHNECKEN-LAICH

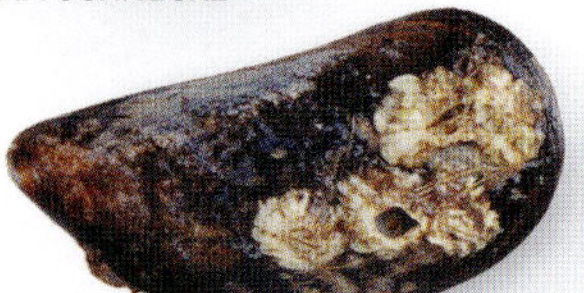

MIESMUSCHEL

AUSTER

SCHEIDENMUSCHEL

Algen werden von Wellen von den Felsen gerissen, obwohl sie fest verankert sind.

Teile von Skeletten oder ganze Skelette und Gehäuse von Meerestieren werden an Land gespült.

Sandstrand

Sand ist für viele Pflanzen und Tiere ein feindlicher Lebensraum. Dünenbewohner müssen an die Bedingungen angepasst sein.

Wie sich eine Düne bildet

Auflandige Winde nehmen Sand vom Strand auf und wehen ihn ins Landesinnere. Außerhalb der Reichweite der Flut können Sandhügel von Pflanzen besiedelt werden. Ihre Wurzeln stabilisieren die Oberfläche und die Triebe bieten Windschatten, sodass sich mehr Sand anhäuft. So bilden sich Dünen. Sie können an günstigen Standorten manchmal über 100 m hoch werden.

SANDIGER LEBENSRAUM
Die Vegetation auf dem Sand schafft Mikrohabitate, in denen viele Tiere gedeihen.

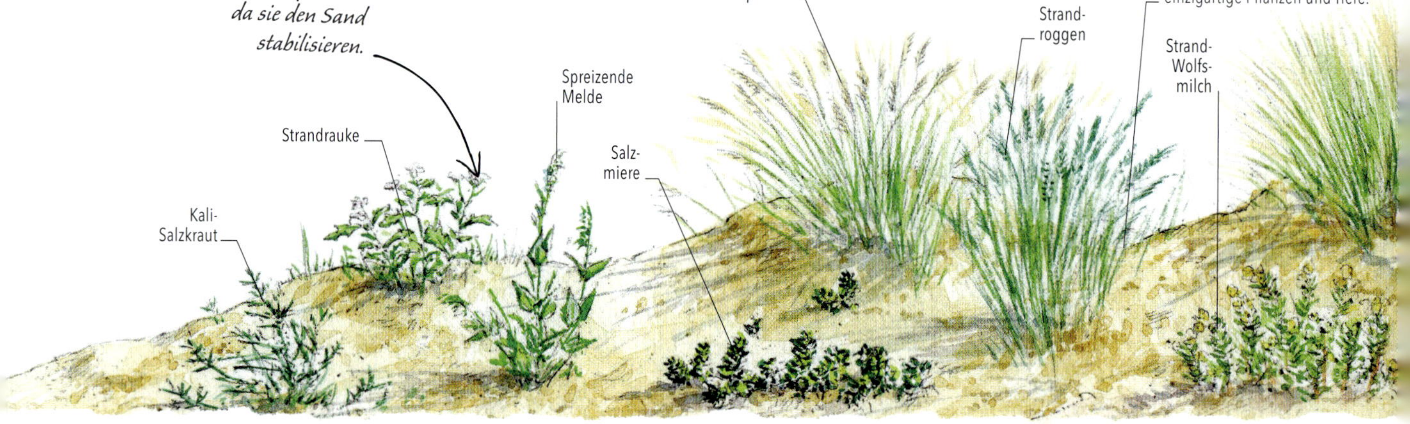

Entstehende Düne

Niedrige Dünen werden von einjährigen, salzresistenten Pflanzen besiedelt, die ihren Lebenszyklus vor Veränderungen der Düne schnell abschließen können.

KALI-SALZKRAUT

STRAND-RAUKE

Vordüne

Nicht weit entfernt vom Spülsaum können kriechende Pflanzen gedeihen. Die meisten haben fleischige Blätter, die Wasser speichern können, und wachsartige Blattüberzüge oder silbrige Haare, die das intensive Sonnenlicht reflektieren.

SALZMIERE

STRAND-ROGGEN

MEERESSCHILDKRÖTEN

Meeresschildkröten kommen an den Stränden einiger Mittelmeerküsten an Land, um ihre Eier zu vergraben. Die durch die Sonnenwärme ausgebrüteten Jungtiere schlüpfen in der Nacht und versuchen die relative Sicherheit des Meers zu erreichen, bevor sie in der Morgendämmerung von räuberischen Tieren gejagt werden.

Dünenbauer

Da er sowohl horizontal als auch vertikal durch Sandschichten wachsen kann, bildet der Strandhafer das Rückgrat der meisten Küstendünen. Seine mit Wachs beschichteten Blätter rollen sich bei Trockenheit ein und verringern so den Wasserverlust aus den Spaltöffnungen auf der Blattoberseite.

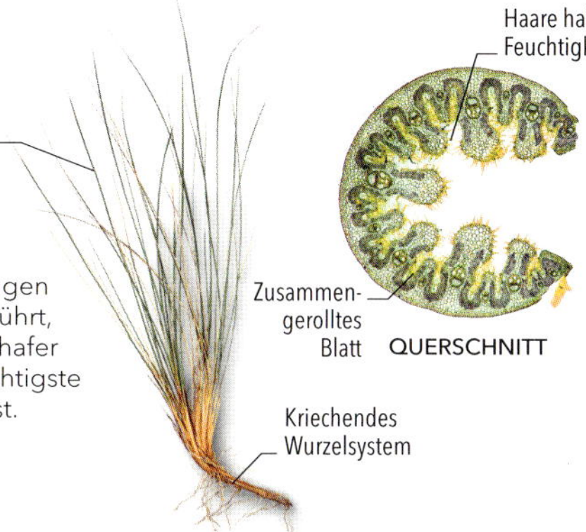

QUERSCHNITT

STABILISIERER
Seine Anpassungen haben dazu geführt, dass der Strandhafer weltweit die wichtigste Dünenpflanze ist.

Dünenbewohner

Im Gegensatz zu Pflanzen können Tiere ausweichen oder sich verstecken, um Sommertrockenperioden zu entfliehen. Reptilien, Insekten und Schnecken suchen Zuflucht im Strandhafer, wo sie den Schatten und die Feuchtigkeit nutzen können. Amphibien wie die Kreuzkröten vergraben sich in feuchtem Sand und warten, bis es wieder regnet. Geisterkrabben graben sich das ganze Jahr über immer wieder ein.

KREUZKRÖTE

HÖHLEN IM SAND
Geisterkrabben bewohnen tiefe Höhlen im Sand, aus denen sie nur nachts hervorkommen.

Weißdüne

Strandhafer verleiht den Dünen Stabilität und fördert ihr Wachstum. Andere, weitgehend trockenheitstolerante Pflanzen folgen, aber Weißdünen enthalten noch viel Sand. Der Mangel an organischen Stoffen sorgt für ihre helle Farbe.

JAKOBS-GREISKRAUT

STRAND-WOLFSMILCH

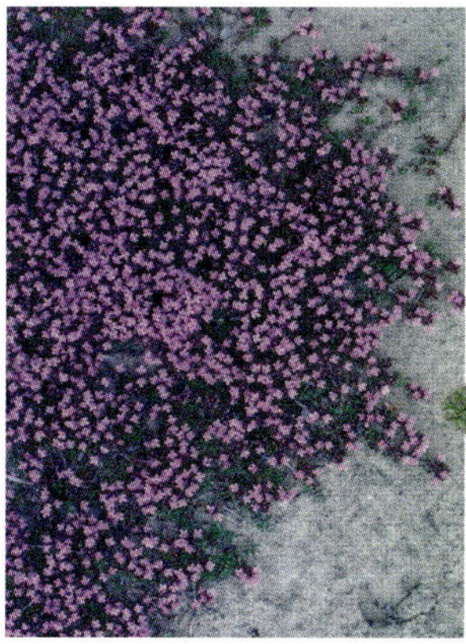

SAND-THYMIAN

Graudüne

Ältere Dünen sind stabil genug, um eine größere Vielfalt an Pflanzen zu beherbergen. Organische Stoffe, die im Sand enthalten sind, verleihen ihnen eine gräuliche Farbe, die oft durch ausgedehnten Flechtenbewuchs verstärkt wird.

MANNSTREU

Kalkstein

Kalkstein, meist blassgrau oder gelblich, ist sehr variabel – das Ergebnis der verschiedenen Arten, auf die er entstanden ist. Obwohl er oft hart ist und bei der Erosion Platten bildet, ist er anfällig für Verwitterung durch Wasser und sauren Regen. Viele Kalksteinarten enthalten die versteinerten Überreste von Tieren, die in den prähistorischen Meeren lebten, deren Sedimente sie gebildet haben.

VON WELLEN ERODIERTE PLATTE

KALKSTEIN

Klippen

Wo das Meer auf Felsen trifft, entstehen Steilküsten. Ihre Form wird durch die Art ihres Gesteins bestimmt. Höhlen, Tore und Pfeiler spiegeln Schwachstellen im Gestein wider, die anfälliger für die Erosion der Wellen sind.

Kalk

Kreide ist eine Form des Kalksteins, meist strahlend weiß und relativ weich. Sie erodiert meistens zu fast senkrechten Klippen. Jede Schicht des Gesteins ist als Felsvorsprung sichtbar, der häufig von Seevögeln als Nistplatz genutzt wird. Achtet auf Schichten aus Feuerstein. Die glasartigen Knollen bildeten die Grundlage für ein frühes Handwerk – die Herstellung von Steinwerkzeugen.

KREIDE

BRANDUNGSTOR

Granit

Granit ist durch die Abkühlung von geschmolzenem Vulkangestein unter der Erdoberfläche entstanden. Dieses harte, kristalline Gestein enthält Mineralien, die ihm seine Farben verleihen. Es erodiert nur langsam, weshalb Granitklippen oft stufenförmig und gut bewachsen sind. Oft weisen sie Steilhänge auf, unter denen sich große, abgerundete Felsblöcke befinden.

WEISSER GRANIT

BRANDUNGSPFEILER

ROTER SANDSTEIN

Sandstein

Sandstein ist ein Sedimentgestein, in dem Sandkörner sichtbar sind und dessen Farbe von Weiß bis Rot reicht oder sogar grünlich ist. Sandsteinfelsen weisen oft Schichten auf, anhand derer man die Umweltbedingungen während der Ablagerung nachvollziehen kann. Die Erosion kann viele Formen, zum Beispiel Höhlen, hervorbringen.

SANDSTEINHÖHLE

BLASLOCH

Vulkangestein

Im Lauf der Erdgeschichte haben sich Lavaströme zu einer Reihe von Gesteinsarten, insbesondere Basalt, verfestigt. Brüchige Gesteine an den Orten jüngerer vulkanischer Aktivität, etwa den Kanarischen Inseln und Island, bilden einige der schönsten Felslandschaften der Welt. An solchen Orten sind die ersten Stadien der Besiedlung durch Flora und Fauna sichtbar.

VULKANGESTEIN

FRAUEN-
HAARFARN

BLAUSTERN

SECHSFLECK-
WIDDERCHEN

Sucht hinter Felsen oder Sträuchern nach Pflanzen, etwa dem Frauenhaarfarn, die den natürlichen Schutz nutzen.

Blick von der Klippe

Die Wind und Gischt ausgesetzten Pflanzen und Tiere, die eine Klippe bewohnen, können ebenso aufregend und schön sein wie die steilen, felsigen Hänge selbst.

Das Rauschen der Wellen und die Schreie der Seevögel verleihen den Klippen einen Hauch von Wildheit. Erfreut euch an ihrer Großartigkeit, aber überseht nicht die kleinen Dinge. Nehmt euch Zeit den windgepeitschten Boden zu betrachten. Er ist mit einer Vielzahl wunderschöner Pflanzen und kleiner Blüten übersät, die ihrerseits eine Vielzahl von Insekten beherbergen.

Achtet auf eine schaumige Masse, den »Kuckucksspeichel«, an Pflanzen und ihr werdet darin Schaumzikadennymphen finden. Sie scheiden das Sekret aus, um sich zu schützen.

MEERFENCHEL

KUCKUCKS-
SPEICHEL AN
EINER KNOSPE

Löcher in Blättern deuten auf Insekten hin. Dreht die Blätter um, um beispielsweise Schmetterlingsraupen zu finden.

Bienen und Wespen besuchen im Sommer nektarreiche Blüten. Achtet auf Nisthöhlen in sonnengewärmten Flecken mit kahlem Boden.

BLÄTTER DES WILDEN KOHLS

SALZ-ALANT

ECHTE STRAND-KAMILLE

GRABWESPE

Brutkolonien

Klippen, vor allem die der nördlichen gemäßigten und arktischen Regionen, beherbergen oft große Seevogelkolonien. Sie sind hier relativ sicher vor Raubtieren.

Leben am Rand

An den Klippen könnt ihr im Sommer eine große Anzahl verschiedener Seevögel beobachten. Hier finden sich viele Nischen, die sie als Brutplätze nutzen. Verschiedene Arten bevorzugen unterschiedliche Orte, aber alle haben eine gemeinsame Vorliebe: die Nähe zum Meer, der Quelle eines Großteils – wenn nicht aller – ihrer Nahrung.

KLEBRIGE NESTER
Seegras, Schlamm und Kot (Guano) bilden eine Nistplattform für Möwen, etwa Dreizehenmöwen.

SPITZE EIER
Die Form der Eier der Trottellumme soll vermutlich nicht das Herabrollen von Vorsprüngen verhindern, sondern ihre Stabilität erhöhen – oft landen die Eltern nicht sehr feinfühlig.

SEEVOGELKOLONIE
Basstölpel leben in Kolonien. Am sichersten ist es in der Mitte – jüngere Vögel nisten außen, wo Möwen Eier und Küken stehlen.

Ausblick auf das Meer

Die Klippen sind ein guter Aussichtspunkt, um das Meer nach Tieren abzusuchen. Ihr braucht dazu Geduld, denn die meiste Zeit über gibt es wenig zu sehen. Ihr benötigt außerdem einen Unterschlupf, warme Kleidung und ein gutes Fernglas. Vielleicht entdeckt ihr einen Schwarm Basstölpel, der sich auf einen Fischschwarm stürzt, oder eine vorbeiziehende Wal- oder Delfinschule.

KÜSTENBESUCHER
Klippen bieten euch die Möglichkeit Delfine zu beobachten, wenn sie nahe vorbeiziehen.

VÖGEL BEOBACHTEN
Die Vogelbeobachtung an Klippen erfordert große Vorsicht. Bleibt hinter den Sicherheitszäunen oder macht eine Bootsfahrt.

Wer nistet wo?

GROSSE RAUBMÖWE
Große Raubmöwen oder Skuas nisten am Boden auf Klippen in der Nähe von anderen Vögeln, denen sie Nahrung und oft auch ihre Küken stehlen.

AKTUELLE ZAHLEN

Die Überwachung von Vogelkolonien dient dem Schutz der Meeresumwelt. Mithilfe von Fotos können Veränderungen festgehalten werden. Der Rückgang in vielen Gebieten hat Fragen der Überfischung, der Verschmutzung und des Klimawandels aufgeworfen. Genaue Zählungen sind schwierig.

PAGEITAUCHER
re Zahl ist wegen der schwindenden Sandaal-opulationen stellenweise rückläufig. Papagei-ucher haben bunte Schnäbel und graben an ängen und auf Klippen Höhlen in den Boden.

TROTTELLUMMEN
Dicht gedrängt stehen Trottellummen und Tordalken auf Felsvorsprüngen. Sie gehören zu den häufigsten Seevögeln der Klippen. Beide Arten tauchen, um kleine Fische zu fangen.

KRÄHENSCHARBE
Die großen Nester der Krähenscharbe befinden sich oft in Höhlen oder Spalten in der Nähe des Fußes einer Klippe, aber manchmal auch viel höher. Der weiße Kot verrät ihren Standort.

Klippen ganz nah

Die Tierwelt hängt vom Standort und dem Aufbau der Klippen ab. Die meisten Klippen sind mit niedrigen Pflanzen bewachsen, während sandige, sonnige Klippen reich an Insekten sind.

HAUHECHEL-
BLÄULING
AMEISE
OKZITANISCHES
WIDDERCHEN
Insekten und Schnecken ernähren sich von Pflanzen und einige leben im lockeren Boden.
FLECHTEN-
BEWACHSENES
GESTEIN
ECHTER
WUND-
KLEE
GARTEN-
BÄNDER-
SCHNECKE
Flechten gedeihen auf Felswänden, die dem Sonnenlicht und der Meeresgischt ausgesetzt sind.
CLADONIA-
FLECHTE
Felsen können die Überreste von Lebewesen enthalten, die vor Tausenden von Jahren lebten.
GOLDDISTEL
HUFLATTICH
FOSSILIEN IN
KALKSTEIN
GEWÖHNLICHER
HORNKLEE
FOSSILE
AMMONITEN
STRAND-GRASNELKE

Ästuar

Wo ein Fluss ins Meer fließt, entsteht ein Mündungsgebiet mit einer Mischung aus Süß- und Salzwasser. Das Mosaik aus Wasserkanälen, die mit Salzwiesen und Wattflächen verbunden sind, kann Seegraswiesen beherbergen – Nahrung für Wasservögel und wichtiger Lebensraum für Lebewesen wie die Seepferdchen und andere Fische.

SEEPFERDCHEN

SEEGRAS

MEERÄSCHE

Marschland

An flachen Küsten wird die Grenze zwischen Land und Meer durch Feuchtgebiete verwischt. Unter dem Einfluss von Salzwasser und Gezeiten bilden sie einige der reichsten Lebensräume für die Wildtiere der Welt.

Salzwiesen

Dort, wo eine Wattfläche lang genug trockenfällt, bilden salztolerante Pflanzen Salzwiesen, die in den Sommermonaten in Hülle und Fülle blühen. Aufgrund ihrer tiefen Priele (Wasserläufe im Watt) sind sie für Menschen nicht leicht zugänglich, was ihre Anziehungskraft auf Vögel wie Möwen und andere Tierarten noch verstärkt.

LACHMÖWE

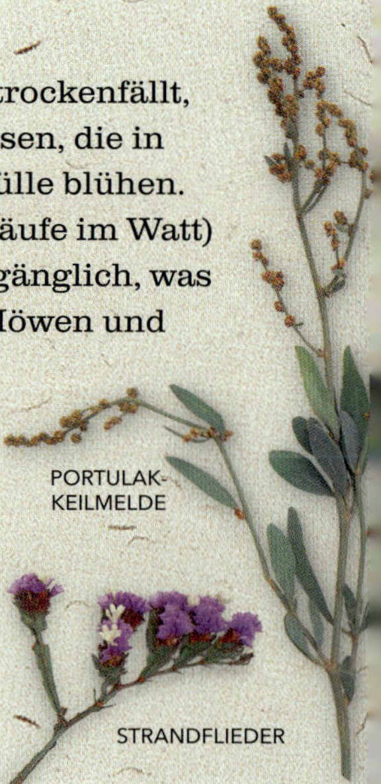

PORTULAK-KEILMELDE

STRANDFLIEDER

Wattflächen

Ausgedehnte Wattflächen, die von der Flut überspült werden, sind das Herzstück vieler Küstenfeuchtgebiete und beherbergen eine Vielzahl wirbelloser Tiere. Diese wiederum ziehen bei Ebbe Watvögel an und bei Flut auch Fische. Abgesehen von flachen Buchten und Tümpeln ist das Wattenmeer weitgehend unscheinbar und beherbergt eine bemerkenswerte Konzentration von Arten, die weltweit ihresgleichen sucht.

SICHELSTRANDLÄUFER

HERZ-
MUSCHEL

Salinen

WESTLICHE EIDECHSENNATTER

An den Mittelmeerküsten sind Lagunen angelegt worden, um Salz aus verdunstendem Meerwasser zu gewinnen. Diese Salinen sind ein Lebensraum für viele Reiher, Watvögel und Möwen. Alpen- und Sichelstrandläufer sowie der Sanderling suchen nach wirbellosen Tieren, während Stelzenläufer, Seidenreiher und Rosaflamingos in tieferem Wasser waten. Reptilien, darunter die Westliche Eidechsennatter, leben in den Randbereichen.

ROSAFLAMINGO

Marschland

Das nur von den höchsten Fluten überspülte Marschland ist ein dynamischer Lebensraum, der reich an spezialisierten Arten ist.

Marschland-Strategien

Das Marschland schützt das Hinterland, indem es die Energie des Meers wie ein Schwamm absorbiert. Alle hier lebenden Pflanzen müssen in salzigem Wasser gedeihen können. Viele besitzen spezialisierte Zellen, die dem Wasser das Salz entziehen. Andere können überschüssiges Salz ausscheiden – man kann die Salzkristalle auf ihren Blättern sehen – und besitzen sukkulentes Gewebe, in dem sie die verfügbaren Süßwasservorräte speichern.

VORSICHT IM MARSCHLAND

Tiefe Bäche und Tümpel, weicher Schlamm und Gezeiten bedeuten, dass man im Marschland sehr vorsichtig sein muss. Glücklicherweise ist die Gegend flach, sodass ein Großteil der Tierwelt von einem höher gelegenen Ort aus beobachtet werden kann – ein Fernglas ist unerlässlich.

GUTE FÜHRUNG
Ortskenntnisse sind wichtig. Ein Führer kann sicher durch das Marschland leiten.

Unteres Marschland

Jede Flut bringt neuen Schlick mit sich, sodass die Schlammoberfläche ansteigt. Schließlich beginnen Pflanzen zu keimen und sich anzusiedeln. Die tiefer gelegenen Bereiche werden von jeder Flut umspült, aber Pflanzen wie die Schlickgräser und die Strand-Aster haben Lufträume in ihrem Gewebe, die ihnen das Überleben ermöglichen. An Tieren leben hier Fische und Krebse, die das reiche Nahrungsangebot nutzen.

EUROPÄISCHER WOLFSBARSCH
Marschgebiete sind Laichgebiete und Kinderstuben für viele Fischarten, wie etwa den Wolfsbarsch, der bei Flut einwandert.

KRABBEN
Meeresbewohner wie die Krabben bleiben bei Ebbe im Marschland, suchen Tümpel auf oder vergraben sich im Schlamm.

Mittleres Marschland

Die mittleren Marschgebiete werden von den Springfluten im monatliche Rhythmus überflutet (siehe S. 180–181), sodass das Salz ständig präsent ist. Marschland ist deshalb selten so bewachsen wie seine Süßwasser-Ent sprechung. Aber viele Pflanzen habe attraktive Blüten, etwa der violette Strandfliede die wiederum Insekten anziehen.

LAUFKÄFER
Käfer können in der Lau streu auf der Marschob fläche leben.

Vögel des Marschlands

Regelmäßige Überschwemmungen durch die Gezeiten verhindern, dass Vögel im Marschland brüten. Oberhalb der Reichweite der Flut nisten jedoch Watvögel und Möwen, manchmal in großen Kolonien. Im Winter nutzen viele Vogelarten alle Bereiche des Marschlands. Watvögel rasten im oberen Bereich der Marschen, wo sie vor Räubern sicher sind, und suchen in den Bächen nach Nahrung. Enten und Gänse weiden bei allen Gezeiten und große Schwärme von Finken und Ammern nutzen das reichhaltige Angebot an Samen, das von den Pflanzen der Marschen produziert wird.

NAHRUNGSSUCHE
Enten wie diese Krickente zieht es im Winter in das Marschland, wo sie die nahrhaften, ölhaltigen Samen fressen.

FISCHER DER MARSCHEN
Selbst bei Ebbe bieten die Bäche und Tümpel im Marschland reiche Beute für Vögel wie Reiher, die sich von Krebstieren und Fischen ernähren, wie beispielsweise dieser Silberreiher.

STRAND-DREIZACK
Die fleischigen Blätter des Strand-Dreizacks lassen sich durch ihren süßen, aromatischen Duft beim Zerdrücken von Gräsern unterscheiden.

Oberes Marschland

Oberhalb der höchsten Fluten dominieren oft niedrige Sträucher, typischerweise aus der Familie der Fuchsschwanzgewächse. Unregelmäßige Gezeiten mit darauffolgender Verdunstung durch das Sonnenlicht können sehr hohe Salzkonzentrationen hervorrufen. Daher haben die meisten Pflanzen fleischige Blätter, die Regenwasser speichern. Insekten wie Laubheuschrecken sind nicht selten.

ECHTER EIBISCH
Die Pflanze lebt in Salz- und Süßwasser, kommt in Sümpfen und an gezeitenabhängigen Flussufern vor.

LAUBHEUSCHRECKE
Im oberen Marschland, das nicht von häufigen Überschwemmungen bedroht ist, findet man viele Insekten. Laubheuschrecken sind im grünen Laub fast unsichtbar.

Watt

In geschützten Gebieten, beispielsweise Flussmündungen, besteht das Watt aus sehr feinen Teilchen, die vom Wasser abgelagert werden.

SCHLAMMIGES MOSAIK
Flussmündungen bilden ein komplexes Mosaik aus Wasserkanälen und Marschland.

Wie das Watt entsteht

Sobald sich der Schlick (siehe S. 182), abgesetzt hat, beginnen Algen und Pflanzen ihn zu besiedeln. Mikroskopisch kleine Kieselalgen wachsen auf der Oberfläche und tragen dazu bei den Schlick zu verfestigen. Die Samen salztoleranter Pflanzen können nun keimen. Ihre Wurzeln verleihen dem Schlamm noch mehr Stabilität und ihre Triebe bremsen die Wasserbewegung. So wird noch mehr neuer Schlick abgelagert, wenn das Meer ihn anspült.

LEBEN IM SALZWASSER
Der Queller ist mit seinen fleischigen Stängeln zur Süßwasserspeicherung an das Leben im Salzwasser angepasst.

Was man sehen kann

Auf den ersten Blick mag das Watt leblos erscheinen, doch bald entdeckt man viele Meereslebewesen und Pflanzen. Dieser reiche Lebensraum ist auf die zweimal täglich stattfindende Flut angewiesen, die Nahrung und Schlick liefert. Selbst wenn die Tiere nicht zu sehen sind, kann man Anzeichen ihrer Aktivitäten finden. Falls ihr im Watt wandert, haltet das Meer im Auge und achtet darauf, dass ihr nicht von der steigenden Flut abgeschnitten werdet (siehe S. 180–181).

1 Möwen und andere Wasservögel hinterlassen ihre Spuren im Schlick.

2 Der Speiballen einer Möwe ist der unverdauliche Rest ihrer Mahlzeit – wascht euch die Hände, wenn ihr ihn angefasst habt.

3 Filtrierende Muscheln bilden dichte Bänke an der Oberfläche oder in der obersten Schicht des Schlicks.

4 Im flachen Wasser strecken die Federwürmer einen Kranz von gefiederten Tentakeln aus ihren Schlammröhren aus.

5 Die Schalen der Miesmuscheln sind mit Fäden an Steinen und festen Strukturen befestigt, die im Schlamm vergraben sind.

6 Nordische Purpurschnecken hinterlassen Fraßspuren, wenn sie sich vom toten organischen Material ernähren.

7 Algenteppiche bieten Nahrung für Wildvögel und Schnecken.

8 Die Schnecken sind winzig, aber zahlreich und ernähren Scharen von Watvögeln.

9 Eine flache Vertiefung markiert das Ende der u-förmigen Röhre des Wattwurms, durch das er Wasser und Nahrung aufnimmt.

10 Wattwürmer ernähren sich von organischen Stoffen im Schlick und scheiden die unverdaulichen Reste als Wurmhaufen aus.

1

2

3

4

5

6

7

8

9

10

Unter der Oberfläche

Um sich ein Bild vom Leben im Watt zu machen, darf man nicht nur die Oberfläche betrachten. Im Schlamm vergraben lebt eine Reihe von Wirbellosen. Einige von ihnen filtern Nahrung aus dem Sediment, während andere sich von den Tieren in ihrer Umgebung ernähren. Sie bleiben vor dem Austrocknen geschützt in ihren Höhlen, wenn die Flut zurückgeht, und zeigen sich nur an der Oberfläche, wenn das Wasser zurückkommt. Bei Flut werden sie von Fischen, bei Ebbe von Watvögeln verfolgt. Die Länge der Schnäbel von Watvögeln entscheidet, welche Beute ihnen zur Verfügung steht (siehe S. 186–187).

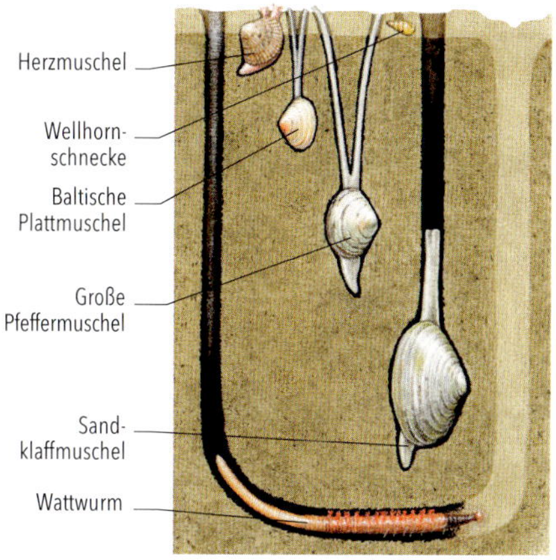

TIEF VERGRABEN
Jede Art von Tieren lebt in einer bestimmten Tiefe des Watts.

PFAUENFEDERWURM

SEERINGELWURM

SCHNURWURM

GRABENDER SCHLICKKREBS

LEBEN IM SCHLICK
Ob sie sich durch den Schlamm schieben oder eine Röhre bewohnen – die Bewohner des Wattenmeers tragen zu einer Komplexität eines vielfältigen Ökosystems bei, das so produktiv wie kaum ein anderer Lebensraum der Erde ist.

TIERE AUS DEM SCHLICK SIEBEN

Grabt mit einer Kelle eine Schlammprobe aus und gebt sie auf zwei unterschiedliche Siebe. Beginnt mit dem grobmaschigsten. So werden die größeren Muscheln und Wattwürmer zurückgehalten, während das feinere die Schlammschnecken und kleineren Würmer auffängt. Auch im Schlamm, der durch beide Siebe gegangen ist, gibt es noch Leben, darunter kleine Larven und Nematoden, die nur unter dem Mikroskop zu sehen sind.

SIEBE UND PINSEL
Zwei Siebe und ein Pinsel sind die Hilfsmittel, um die Arten nach Größe zu trennen.

Meer

Die meisten Gebiete der Tiefsee sind noch unbekannt, aber man kann viele Tiere der Meere von der Oberfläche aus beobachten.

Erforschung des Blauwassers

Über 70 Prozent der Erdoberfläche sind von Meeren bedeckt, die im Durchschnitt über 3000 m tief sind. Die meisten Meerestiefen sind nur von auf diese Bereiche spezialisierten U-Booten zu erreichen, aber ihr könnt die Küstenmeere – über und unter Wasser – relativ leicht erkunden. Viele Tierarten sind von der Küste aus leicht zu entdecken, und eine Bootsfahrt kann einen guten Einblick in das Leben von Seevögeln, Robben, Walen, Delfinen und anderen im Wasser lebenden Säugetieren wie Seelöwen und Seeottern geben. Unter Wasser, ob beim Tauchen oder Schnorcheln, könnt ihr noch weiter gehende Erfahrungen machen und eine ganz andere, nähere Begegnung mit vielen Arten von Meerestieren haben.

MIT DELFINEN SCHWIMMEN
Delfine sind von Natur aus neugierige Säugetiere, die sich Besuchern in ihrer Umgebung nähern können.

BOOT MIT AUSSICHT
Macht eine Fahrt mit einem Glasbodenboot! In klarem Wasser könnt ihr das Leben im Meer betrachten.

FLOSSEN UND SCHWÄNZE

Anhand der Form und Verletzungen der Rückenflossen von Walen und Delfinen können Wissenschaftler Individuen erkennen. Wir können immerhin die Arten identifizieren. Die hohe Rückenflosse eines Orcas, die bei den Weibchen gebogen ist, ist unverkennbar, ebenso wie der gekrümmte Rücken eines Zwergwals sowie seine Schwanzsilhouette. Schweinswale sieht man eher flüchtig. Achtet auf die gerade Vorderkante ihrer Rückenflosse. Narwale haben keine Rückenflosse, aber ihre Schwanzflossen haben eine deutliche Kerbe.

WALE BEOBACHTEN
Eine Begegnung mit Walen ist unvergesslich. Hier könnt ihr die Rückenflosse eines erwachsenen Orca-Männchens sehen.

Schwarmverhalten

Viele Meerestiere sind auf Schnelligkeit angewiesen, um Raubtieren zu entkommen, doch kleine Fische wie Sardellen oder Sardinen versammeln sich in Schwärmen. Große Schwärme bilden sich auch dort, wo entsprechende Planktonvorkommen sind. Ein Fischschwarm kann sich als Einheit bewegen und schnell die Richtung ändern, sodass es für einen Räuber schwierig ist, einen einzelnen Fisch zu erbeuten. Treffen jedoch viele Raubfische aufeinander, kann es dazu kommen, dass der Schwarm eng zusammengedrängt wird. Nun schlagen die Angreifer von allen Seiten zu. Die Fische werden von Delfinen, Walen oder Haien an die Oberfläche getrieben, wo sie von Seevögeln, etwa Basstölpeln, erwartet werden.

TAUCHENDE TÖLPEL
Im Sturzflug können Basstölpel aus großer Höhe tief ins Wasser eindringen, um ihre Beute zu fangen.

SARDINENSCHWARM
Sardinenschwärme ziehen Fressfeinde an – Haie, Thunfische, Wale und verschiedene Vögel.

KAUM AN LAND
Sturmtaucher verbringen fast ihr ganzes Leben auf dem Meer und fliegen jedes Jahr Tausende von Kilometern.

RETTET DIE MEERE

Moderne Fischerei, Klimawandel und Umweltverschmutzung stören das natürliche Gleichgewicht der Meere. Wir können versuchen unsere Einflüsse zu verringern, indem wir die Strände sauber halten, Meeresschutzgebiete unterstützen und Verschmutzungen sicher entsorgen.

GEFÄHRLICHER MÜLL
Jeglicher Müll im Meer, wie die abgebildeten Netze, wird von den Strömungen transportiert. Der nordpazifische Müllstrudel zwischen Hawaii und Kalifornien enthält Millionen von Tonnen schädlichen Plastiks.

GIFTIGES ÖL
Ölverschmutzungen schädigen die Gefieder von Seevögeln und die Felle von Robben und Fischottern. Sie vergiften sich, wenn sie sich putzen oder reinigen. Außerdem wirkt sich das Öl auf die gesamte Nahrungskette aus.

Tundra und Eis

Frostige Temperaturen stellen das Leben vor Probleme. Zusammen mit großen Höhen, extremem Wetter oder langen Perioden ohne Sonnenlicht sind sie für eine der lebensfeindlichsten Umgebungen der Erde verantwortlich. Doch wenn auch nur geringe Ressourcen vorhanden sind, wird das Leben sich anpassen, um sie zu nutzen. Die Barrieren der eisigen Kälte, der unerbittlichen Dunkelheit und der dünnen Luft werden von einer Gruppe von Spezialisten durchbrochen, die dort gedeihen, wo wir erfrieren würden. Und doch steht das Schicksal dieser bemerkenswerten Gemeinschaften auf dem Prüfstand, da diese fragilen Lebensräume dem Klimawandel erliegen werden.

Arktische Tundra

In der baumlosen arktischen Tundra könnt ihr Rentiere, Moschusochsen und Wölfe im Rahmen einer geführten Tour beobachten.

Was ist die Tundra?

Die Tundra befindet sich nördlich der Baumgrenze (siehe S. 144–145) und erstreckt sich über Nordskandinavien, Russland, Sibirien, Alaska und Kanada. Sie ist durch extreme Kälte geprägt. Die meiste Zeit des Jahres ist sie schneebedeckt und es ist dunkel und windig. Der fast ständig gefrorene Boden wird als Permafrost bezeichnet. Der Frost schränkt das Wurzelwachstum ein, sodass nur kleine Sträucher, Moose und Flechten wachsen können. Im Sommer schmilzt der Oberboden und es entsteht ein sumpfiges Moor, in dem viele Tiere leben.

FESTER BODEN
Permafrostböden sind unter 0 °C kalt. Die Pflanzen blühen im Sommer, wenn die obere Schicht auftaut.

Geringe Artenvielfalt

Da nur wenige Tiere die rauen Bedingungen der Tundra ertragen können, ist die Artenvielfalt gering. Ihr könnt jedoch Rentiere und Moschusochsen sehen, die kleine Pflanzen und Flechten abweiden. Es gibt Polarfüchse und Vielfraße, und zu ihrer Beute gehören Polarhasen und Lemminge.

ÜBERLEBEN IM EIS
Lemminge überleben die Kälte, indem sie sich unter die Erde verkriechen. Wenn ihre Zahl ansteigt, gehen sie auf Wanderung.

SOMMERGAST
Der Eisbär lebt nicht dauerhaft im Eis. Im Sommer zieht er in die arktische Tundra, wo er zum Beispiel auf Spitzbergen beobachtet werden kann.

GEFAHR FÜR DIE TUNDRA

Die Tundra ist bedroht. Bergbau, Ölbohrungen und Pipelines wirken sich auf die Umwelt aus, aber die größte Bedrohung ist die globale Erwärmung. Die Temperaturen an den Polen steigen schneller als der Durchschnitt. Dadurch schmilzt der Permafrostboden und es werden Treibhausgase wie Kohlendioxid und Methan freigesetzt, was schädliche Auswirkungen auf den gesamten Planeten hat.

GASPIPELINE

FLECHTEN ABGRASEN
Rentiere (auch Karibus genannt) verbringen den Sommer in der Tundra. Im Winter ziehen sie in bewaldete Gebiete, wo sie Flechten und Gräser fressen.

Sommer in der Tundra

Die Winter sind kalt, windig und rau, doch im Sommer findet ihr eine andere Landschaft vor. Lange Tage mit fast 24-stündiger Sonneneinstrahlung erwärmen den Boden, tauen die oberen Schichten auf und verwandeln die Umgebung in ein sumpfiges Marschland, in dem viele Pflanzen wachsen können. Hier findet ihr Tiere, die in diese Region wandern, um Raubtieren zu entgehen und Insekten und Fische zu fangen. Rentiere wandern Hunderte von Kilometern weit, um sich von der sommerlichen Pflanzenwelt zu ernähren. Ringel- und Rothalsgänse sowie Odinshühnchen lassen sich beobachten, die das Sumpfgebiet als Aufzuchtort für ihre Küken nutzen.

FRESSTECHNIK
Der rote Kragen eines Odinshühnchens ist im Flug deutlich sichtbar. Im flachen Wasser drehen sich diese Vögel in engen Kreisen, um Nahrung aufsteigen zu lassen.

SONNENVERFOLGER
Der Arktische Mohn ist eine Miniaturausgabe seiner Verwandten. Seine winzigen Blüten folgen dem Stand der Sonne.

LEISER JÄGER
Schnee-Eulen ernähren sich von kleinen Tieren wie Lemmingen. Da es in der Tundra keine Bäume gibt, bauen sie ihre Nester auf dem Boden.

Sogar die Füße der Schnee-Eule sind befiedert, um ihr zu helfen, mit der Kälte fertig zu werden.

VORSICHT VOR STECHMÜCKEN!

In der sommerlichen Tundra wimmelt es von Stechmücken. Da der Permafrostboden gefroren ist, kann das Schmelzwasser der Oberfläche nicht abfließen. Stehende Pfützen werden durch die 24-stündige Sonneneinstrahlung erwärmt, was sie zu einem idealen Ort für Mückenlarven macht. Das ist gut für Wasservögel, die sich von den Larven ernähren, aber weniger gut für Rentiere und Menschen, die von den Insekten geplagt werden. Nehmt ein Insektenschutzmittel mit!

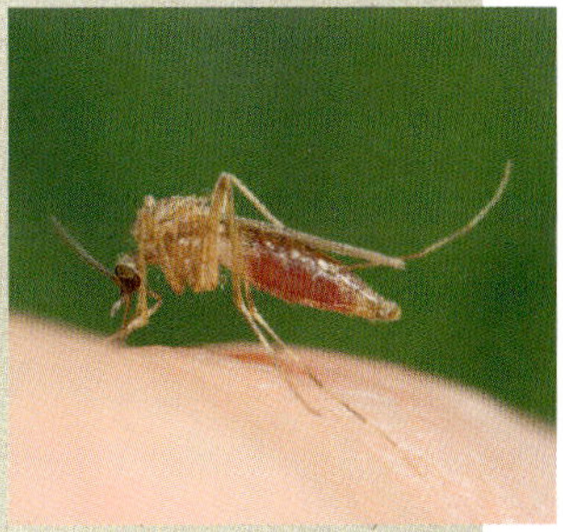

Polarfuchs

In der Tundra ist der Wechsel zwischen den Jahreszeiten extrem und die Tiere müssen sich entsprechend anpassen.

Der Polarfuchs lebt in einer der kältesten Gegenden der Erde. Er hat kräftige Beine, eine kurze Schnauze und kleine, abgerundete Ohren, die wenig Wärme abgeben. Seine wichtigste Anpassung an die Kälte ist sein Fell. Der Polarfuchs ist die einzige Art der Hundefamilie, die ihre Fellfarbe im Lauf der Jahreszeiten ändert. Im Frühjahr ist der Fuchs gelbbraun, aber wenn der Winter naht, wachsen weiße Haare nach. Er hat eins der dichtesten Felle und die Haare seines Winterfells sind fast doppelt so lang wie die seines Sommerfells. Jeder Teil des Körpers ist mit Haaren bedeckt – sogar die Ballen an seinen Fußsohlen, die ihm helfen auf Eis zu laufen. Der Grund für den Farbwechsel des Fuchses ist, dass ein helles Fell im Schnee nicht auffällt. So kann er sich an seine Beute heranschleichen und größeren Raubtieren ausweichen. Der Polarfuchs ernährt sich von kleinen Nagetieren, etwa Lemmingen. Er hat ein so scharfes Gehör, dass er die Tiere rascheln hört und sich durch den Schnee auf sie stürzt.

SAISONABHÄNGIGE FELLFARBE

Sowohl Jäger als auch Gejagte wenden ähnliche Strategien an, um nicht entdeckt zu werden. So jagen Polarfüchse Polarhasen. Indem er sich an seine Umgebung anpasst, kann sich der Fuchs seiner Beute unbemerkt nähern. Die weiße Farbe hilft aber auch dem Hasen, seinen Fressfeinden zu entgehen, zu denen auch Wölfe und Schnee-Eulen gehören.

TARNFARBEN
Der Polarhase im Winter (links) und im Sommer (rechts). Im Winter hebt sich sein weißes Fell kaum vom Schnee ab, sodass er Raubtieren entgehen kann.

GUT GETARNT
Im Winter wird das dichte Fell des Polarfuchses weiß und verschmilzt mit Schnee und Eis. Die Tarnung hilft ihm, sich an Nagetiere, Vögel und gelegentlich auch an Ringelrobbenjunge heranzuschleichen.

Auf dem Eis

Die Arktis ist eins der letzten wilden Gebiete der Erde. Obwohl sie sich schnell verändert, gedeiht dort eine beeindruckende Tierwelt.

Besuch des Eises

Der Besuch einer Polarregion kann eine aufregende Reise sein, erfordert aber aufgrund der empfindlichen Umgebung viel Zurückhaltung. Viele arktische Ziele, etwa die norwegische Insel Spitzbergen, lassen sich am besten vom Wasser aus besichtigen. Die beste Reisezeit ist von Mai bis September. Denkt daran, dass es sich um abgelegene, unberührte und außergewöhnliche Orte handelt. Hört auf euren Reiseleiter, respektiert die Tiere und das Eis, und ihr könnt einige der unvergesslichsten Wildtier-Begegnungen in eurem Leben haben.

LANGE REISE
Küstenseeschwalben überwintern in der Antarktis, brüten aber in der Arktis.

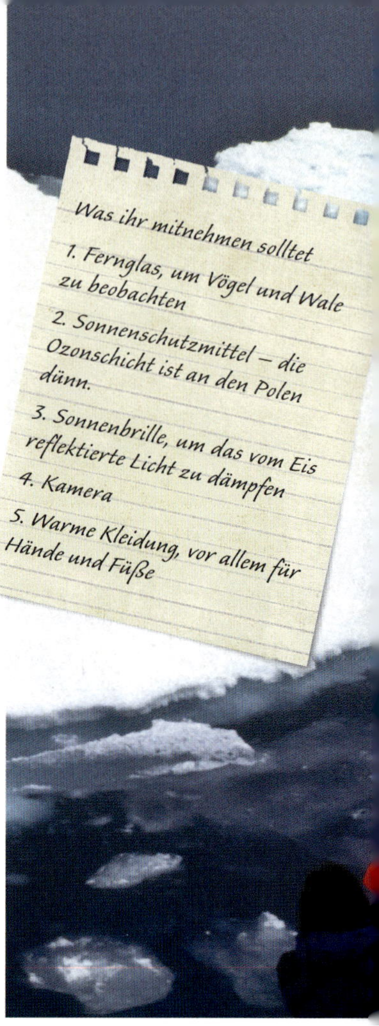

KREUZFAHRT
Arktische Kreuzfahrtschiffe mit verstärkten, eisbrechenden Rümpfen begegnen manchmal einem Eisbären.

Was ihr sehen werdet

In der Arktis könnt ihr Wale, Walrosse und vielleicht Eisbären sehen. Letztere haben wenig Angst vor Menschen, doch sollte man ihnen nur mit einem gehörigen Abstand begegnen. Elfenbeinmöwen ernähren sich von Aas, das die Bären zurücklassen. Mit etwas Glück könnt ihr einen Belugawal oder einen Narwal am Rande des Eises sehen, wo Alken und andere Seevögel nach Fischen tauchen.

1 Eisbären sind auf dem Eis und im Wasser zu Hause. Sie können Beutetiere fressen, die so groß sind wie ein Walross.

2 Walrosse sind große Meeressäuger mit Flossen, die unter ihrer Haut eine dicke Fettschicht haben, den sogenannten Blubber, der sie im eisigen Wasser warm hält.

3 Belugas legen weite Strecken unter dem Eis zurück und nutzen Löcher und Risse, um an der Oberfläche zu atmen.

LEBEN UNTER DEM EIS

Im Arktischen Ozean besteht die Grundlage der Nahrungskette aus dem Krill, der sich von noch winzigeren Organismen unter dem Eis ernährt. Die kleinen Krebstiere liefern Seevögeln, Robben und Walen Nahrung.

KRILL

LEBENSWICHTIGES EIS

Der Klimawandel wirkt sich drastisch auf die Polarregionen aus, die nicht nur für die dort lebenden Arten erhalten werden müssen. Die Durchschnittstemperaturen in der Arktis sind doppelt so schnell gestiegen wie anderswo, und auf der Antarktischen Halbinsel sind sie fünfmal so hoch wie im Durchschnitt. Die Temperaturen lassen Eisberge schmelzen, wodurch der Meeresspiegel steigt. Der grönländische Eisschild ist besonders problematisch: Schmilzt er, könnte der Meeresspiegel um bis zu 7 m ansteigen und viele Küstengebiete überfluten.

Die Ernährung der Krabbentaucher hat sich mit dem Rückgang des arktischen Meereises verändert.

Eisstrukturen

Eis tritt auf dem Land und im Meer in unterschiedlichen Formen auf. An Land bilden Jahrhunderte und Jahrtausende des Schneefalls Gletscher und Eisschilde, die kilometerdick sein können. In der Arktis können sie direkt ins Meer fließen, wo sie Eisberge kalben, die über das Wasser treiben. Meereis bildet sich, wenn das Meer selbst gefriert. Es ist nur einige Meter dick, oft noch viel dünner. Mit dem Land verbundenes Meereis wird als Festeis bezeichnet, während Packeis frei schwimmt und vom Wind und von Strömungen vorwärts bewegt wird.

90 Prozent des Eisbergs sind unter Wasser.

SCHWIMMENDES EIS
Eis schwimmt, weil es eine geringere Dichte als Wasser hat. Gefrierendes Wasser dehnt sich nämlich aus.

SCHMELZENDES EIS
Packeis (oben rechts) besteht aus Eisschollen, die vom Wind und von Oberflächenströmungen bewegt werden. Eisberge (unten) werden vom Meer und der Sonne in verschiedene Formen gebracht.

Glossar

Abdomen
Bei Säugetieren ist das Abdomen der Bereich zwischen Thorax (Brustkorb) und Becken. Bei Insekten wird der hintere Körperabschnitt hinter dem Thorax Abdomen genannt.

Algen
Einfache fotosynthetisch aktive Organismen, von denen die Tange die komplexesten sind.

Anpassung
Die Entwicklung von Merkmalen innerhalb einer Art oder Population, die die Eignung für das Leben in einem bestimmten Lebensraum verbessert.

Arktis
Die Region nördlich des Polarkreises rund um den Nordpol.

Art
Die wesentliche Grundeinheit in der Klassifizierung von Lebewesen, die genetisch ähnliche Individuen zusammenfasst. Mitglieder einer Art können fruchtbare Nachkommen erzeugen, die eindeutig derselben Art angehören.

Aufwinde
Pakete aus aufsteigender Luft, die entstehen, wenn helle Bodenflächen bei starker Sonneneinstrahlung die darüber liegende Luft erwärmen.

Außenskelett
Die schalenartige äußere Stützstruktur bestimmter wirbelloser Tiere, die auch als Exoskelett bezeichnet wird.

Bestäubung
Bei Pflanzen der Prozess, bei dem männliche Pollenkörner durch Wind, Insekten oder Vögel auf die weiblichen Teile der Blüte übertragen werden.

Biodiversität
Die gesamte Vielfalt der Lebewesen, einschließlich der Arten und Unterarten.

Biom
Ein Ökosystem oder eine Gemeinschaft von Pflanzen und Tieren, die unter bestimmten geografischen und klimatischen Bedingungen leben.

Botanik
Die Botanik ist der Zweig der Biologie, der sich mit den Pflanzen beschäftigt.

Brunft
Zeitraum, in dem die Männchen (etwa bei Hirschen) die Weibchen zu Gruppen zusammentreiben, um sich fortzupflanzen. Sie verteidigen die Hirschkühe gegen andere Männchen.

Chlorophyll
Grünes Pigment in Pflanzen, das die Gewinnung von Energie aus Sonnenlicht ermöglicht.

Dorsal
Den Rücken betreffend, zum Rücken hin ausgerichtet.

Enzyme
Eiweiße, die chemische Reaktionen katalysieren.

Epidermis
Äußere Schicht der Haut.

Epiphyte
Eine Pflanze, die auf einer anderen Pflanze wächst.

Falllaub
Die abgefallenen Blätter, die sich unter Bäumen und Sträuchern sammeln und sich über mehrere Monate zersetzen.

Farn
Eine Pflanze mit Gefäßen, Wurzeln, Blättern und Stängeln, die sich durch Sporen fortpflanzt.

Fiederblättchen
Teil eines zusammengesetzten Blatts.

Filtrierer
Ein Tier, das Wasser mit winzigen Nahrungsbestandteilen aufnimmt und sie herausfiltert.

Flechte
Organismus, der aus einer engen Verbindung zwischen einem Pilz und einer Alge besteht und Energie aus dem Sonnenlicht gewinnen kann.

Forstwirtschaft
Anbau von Bäumen zur Gewinnung von beispielsweise Holz, Zellstoff oder Palmöl.

Fotosynthese
Der Prozess, bei dem durch pflanzliches Chlorophyll aufgenommene Sonnenenergie dazu genutzt wird, aus Kohlendioxid und Wasser Kohlenhydrate für den Stoffwechsel der Pflanze herzustellen.

Fragmentation
Aufteilung des Verbreitungsgebiets einer Art, die durch Aussterben in Teilen des Gebiets hervorgerufen wird.

Galle
Wucherung auf einem Pflanzenblatt oder -zweig als Reaktion auf den Befall durch ein Insekt, eine Milbe, einen Pilz oder eine Bakterie.

Gattung
Eine Einheit in der wissenschaftlichen Klassifizierung, in der verwandte Arten zusammengefasst werden. Das erste von zwei Wörtern des wissenschaftlichen Namens, etwa *Homo* in *Homo sapiens*.

Gegenständig
Blätter oder Fiederblättchen, die paarweise gegenüberliegend an einem Stiel angeordnet sind, bezeichnet man als gegenständig.

Gemäßigte Zone
Ein breites Gebiet zwischen den tropischen und arktischen Zonen, das keine ausgeprägten Temperatur- oder Niederschlagsextreme aufweist.

Gletscher
Eine Eismasse, die sich selbsttätig bewegt und bergab fließt.

Gründeln
Bei Wasservögeln das Untertauchen von Kopf und Hals oder des Vorderkörpers, um Nahrung vom Grund aufzunehmen.

Harem
Eine Gruppe von Weibchen, die von einem Männchen zu Fortpflanzungszwecken zusammengeführt und verteidigt wird.

Heliotropismus
Bewegung der Pflanze, die der Bahn der Sonne folgt.

Höhenlinie
Linie auf der Karte, die Punkte gleicher Höhe verbindet.

Humus
Verrottendes Pflanzenmaterial in der oberen Bodenschicht, das dem Boden eine dunkelbraune oder schwarze Farbe verleiht.

Hyphen
Lange Pilzfäden, die auf oder unter der Erde liegen und das Myzel bilden. Sie nehmen Nährstoffe auf und transportieren sie.

Immergrün
Immergrüne Pflanzen tragen das ganze Jahr über Blätter.

Kambium
Bei Pflanzen eine Zellschicht, die das sekundäre Dickenwachstum ermöglicht.

Kieme
Eine Struktur, mit der ein in Wasser lebender Organismus Sauerstoff aus dem Wasser gewinnt.

Klimawandel
Eine Veränderung des globalen Klimagleichgewichts.

Kokon
Aus Seide bestehende Schutzhülle, die von einigen Raupen produziert wird.

Kommensalismus
Eine Lebensgemeinschaft zwischen zwei Organismen, von der der eine profitiert, ohne dabei dem anderen zu schaden.

Lebensraum
Ein Bereich mit allen Merkmalen wie Boden, Pflanzen, Tieren und lokalem Klima, in dem ein bestimmter Organismus lebt, ist sein Lebensraum.

Lek
Gemeinsamer Balzplatz der Männchen einiger Vögel (beispielsweise der Birkhühner), an dem sie die Weibchen zu beeindrucken versuchen.

Luftfeuchtigkeit
Die Menge des Wasserdampfs in der Luft.

Mäander
Breite, s-förmige Schleife in einem Fluss. Das schneller fließende Wasser trägt Material in der Außenkurve ab, das das langsamer fließende an der Innenkurve ablagert, wodurch die Schleife größer wird und sich flussabwärts verlagert.

Melanin
Dunkles Pigment, das beispielsweise in Haaren und Federn

enthalten ist und sie schwarzbraun färbt.

Metabolismus
Der Stoffwechsel, der alle chemischen Prozesse umfasst, bei denen Stoffe im Körper eines Lebewesens umgewandelt werden.

Metamorphose
Ein grundlegender Wechsel zwischen zwei Erscheinungsformen eines Tiers. So wandeln sich Raupen über das Puppenstadium in einen erwachsenen Schmetterling um, wobei Raupe und Schmetterling völlig unterschiedlich aussehen.

Migration
Eine regelmäßige, oft jährlich stattfindende großräumige Bewegung von Tieren einer bestimmten Art, oft in Verbindung mit saisonalen Veränderungen des Klimas und der Nahrung oder zu Brutzwecken. Bei Vögeln auch Vogelzug genannt.

Mikrobe
Mikroskopisch kleiner Organismus, der mit dem bloßen Auge nicht oder kaum zu erkennen ist.

Mittelrippe
Zentrales steifes Leitbündel, das ein Laubblatt stützt.

Monsun
Saisonaler Wind und damit verbundene Niederschläge, die den Großteil des jährlichen Regens in einer kurzen Saison liefern. Besonders groß sind westafrikanische und asiatisch-australische Monsun-Systeme.

Mykorrhiza
Eine Symbiose zwischen einem Pilz und einer Pflanze. Der Pilz ist mit den Wurzeln einer Pflanze in Kontakt, die Pflanze erhält Wasser und Minerale und der Pilz Kohlenhydrate.

Myzel
Netzwerk aller Hyphen eines Pilzes, das seinen eigentlichen Körper darstellt.

Niederschläge
Wasserdampf kondensiert in der Atmosphäre, wenn die Fähigkeit der Luft, Wasser aufzunehmen, durch Druck- oder Temperaturschwankungen abnimmt. Es können Regen, Graupel, Hagel oder Schnee entstehen.

Nymphe
Jugendstadium im Leben der Insekten und Spinnentiere, das mit jeder Häutung dem erwachsenen Tier mehr ähnelt. Hier findet keine Metamorphose statt, bei der sich das Erscheinungsbild des Tiers drastisch verändert.

Oberboden
Oberste Schicht des Bodens mit hohem organischem Anteil, in der sich verrottende Blätter zersetzen und aus der Pflanzenwurzeln und Pilze Nährstoffe aufnehmen.

Ökosystem
Das System aller Lebewesen, die unter bestimmten Bedingungen und in einem bestimmten Gebiet leben.

Permafrost
Dauerhaft gefrorener Boden. Oft staut sich das Wasser auf ihm, wenn seine oberen Schichten im Sommer auftauen.

Pheromone
Chemische Verbindungen, die als Duftstoffe einen potenziellen Partner anlocken können, oft über bemerkenswert große Entfernungen.

Pigment
Ein Stoff, der die Farbe des reflektierten Lichts durch Absorption verschiedener Wellenlängen beeinflusst und so Organismen ihre Farbe geben kann.

Pilz
Pflanzenähnlicher Organismus, der kein Chlorophyll enthält und der sich meist von den Überresten toter Pflanzen und Tiere ernährt.

Plankton
Verschiedene im Wasser lebende Organismen, die von den Strömungen verdriftet werden und nicht in der Lage sind, größere Entfernungen aus eigener Kraft zielgerichtet zurückzulegen.

Puppe
Bei Schmetterlingen, Käfern und einigen anderen Insektengruppen das Übergangsstadium, das zwischen Larve und ausgewachsenem Tier liegt.

Rüssel
Längliches Gebilde am Kopf eines Tiers, das bei Insekten zur Nahrungsaufnahme dient.

Sauerstoff
Geschmackloses, farbloses gasförmiges Element in der Atmosphäre, das für das Leben unentbehrlich ist. Sauerstoff ist auch an vielen Verbindungen beteiligt, etwa am Wasser oder an den Kohlenhydraten.

Schuppe
Eine kleine, starre, plattenartige Struktur, die aus der Haut herauswächst. Sie dient als Schutz und kann auch die Farbe bestimmen, etwa bei Fischen oder Schmetterlingen.

Schwarmbildung
Fische, Vögel und andere Organismen schließen sich zu Schwärmen zusammen, um zum Beispiel einen besseren Schutz vor Fressfeinden zu haben. Oft bewegen sich die Individuen eines Schwarms synchron.

Sediment
Partikel, die zunächst im Wasser schweben und sich absetzen, wenn die Wassergeschwindigkeit abnimmt oder sich die Partikel zu schwereren Teilen zusammenballen.

Sedimentation
Die Ablagerung von schwebenden Teilchen, die von der Strömung transportiert wurden.

Seitenlinie
Eine Reihe von Rezeptoren an der Seite eines Fischs, mit der er Bewegungen des Wassers wahrnehmen kann.

Skiophyt
Eine Pflanze, die auch in schattigen Bereichen gedeiht.

Speichel
Ein Sekret aus dem Mund, das als Gleitmittel für das Schlucken von Nahrung und zur Einleitung der Verdauung dient. Es kann auch als Klebstoff für den Nestbau genutzt werden.

Spinndrüse
Organ einer Spinne, mit dem sie ihre Seidenfäden beziehungsweise ihr Netz spinnt.

Substrat
Das Ausgangsmaterial in der Bodenbildung, also das am betreffenden Ort vorliegende Gestein.

Süßwasser
Wasser mit geringer Konzentration an gelösten Salzen, wie es in Seen, Flüssen und im Grundwasser vorkommt.

Symbiose
Zusammenleben von zwei Organismen, das beiden Partnern nützt. Oft sind die Partner allein nicht mehr lebensfähig.

Thorax
Brust. Der Teil des Körpers zwischen dem Kopf und dem Unterleib (Abdomen).

Transpiration
Der Verlust von Wasserdampf über die Blätter von Pflanzen.

Treibhausgas
Gas, beispielsweise Kohlendioxid, das die Sonnenwärme auf die Erde gelangen lässt, aber verhindert, dass sie wieder abgestrahlt wird, wodurch die globale Temperatur steigt.

Tropen
Gebiet zwischen dem Wendekreis des Krebses und dem Wendekreis des Steinbocks, das sich über den Äquator erstreckt und sich durch hohe Temperaturen, das Fehlen ausgeprägter jahreszeitlicher Schwankungen und eine geringe Veränderung der Tageslänge auszeichnet.

Unterholz
Strauchschicht in Wäldern, die unterhalb der Kronen der ausgewachsenen Bäume, aber oberhalb der Krautschicht liegt.

Velum
Ein Velum umschließt den wachsenden Hut und den Stängel eines Pilzes. Es reißt auf und hinterlässt oft einen Ring am Stängel.

Verpuppung
Phase der Metamorphose bei verschiedenen Insekten, in der sich die Larvenstrukturen auflösen und sich die Larven in erwachsene Tiere umwandeln.

Volva
Eine sack- oder becherförmige Struktur an der Basis des Stiels eines Pilzes, die meist ein Überbleibsel des Velums ist.

Zusammengesetztes Blatt
Die Blattspreite ist in vollständig voneinander getrennte und gestielte Abschnitte zerteilt.

Zyklon
Bezeichnung für einen tropischen Wirbelsturm.

Register

H

I

J

K

L

M

Dank und Bildnachweis

Dorling Kindersley dankt den Folgenden für ihre Unterstützung bei der Produktion dieses Buches: George McGavin für die Beratung, Daniel Gilpin und Elizabeth Munsey für die Lektoratsassistenz, Sunita Gahir für die Herstellungsassistenz, Hilary Bird für das Register, Shanker Prasad für seine Unterstützung, The Cotswold Store und Alana Ecology für die Bereitstellung von Ausrüstung und Peter Anderson und Gary Ombler für zusätzliche Fotos.

Der Verlag dankt folgenden Personen und Organisationen für die freundliche Genehmigung zum Abdruck von Fotos: (Abkürzungen: o = oben, u = unten, m = Mitte, l = links, r = rechts, g = ganz, Hg = Hintergrund)

1 Corbis: Visuals Unlimited (mr). **Dorling Kindersley**: Frank Greenaway mit Genehmigung des Natural History Museum, London (ml). **4 Dreamstime.com**: Cosmin Manci (gor). **5 Dorling Kindersley**: Frank Greenaway mit Genehmigung des Natural History Museum, London (gom); Stephen Oliver (ur). **6 Dorling Kindersley**: Neil Fletcher (um) (ugl); Matthew Ward (ur); Jerry Young (ul). **7 Alamy Stock Photo**: Bob Gibbons (r). **Dorling Kindersley**: Frank Greenaway mit Genehmigung des Natural History Museum, London (mr); Derek Hall (ul) (um) (mru); Matthew Ward (ur). **8 Corbis**: Gisuke Hagiwara / amanaimages. **10 Alamy Stock Photo**: Paul Glendell (ul). **Corbis**: Patrik Engquist (ur); Frank Krahmer (m); Roger Tidman (gor). **11 Ardea**: Francois Gohier (mr/Präriehunde) (mro) (gor). **Corbis**: W. Cody (mo); Simon Weller (ul). **Dorling Kindersley**: NASA / Finley Holiday Films (ur). **Getty Images**: Robert Postma (mru). **Photolibrary**: Shattil and Rozinski (mr/Frettchen). **12 123RF.com**: (gom); taviphoto (gor). **Dorling Kindersley**: Getty RF: morgan stephenson (gol). **12–13 Alamy Stock Photo**: WILDLIFE GmbH. **13 123RF.com**: anest (gol). **Alamy Stock Photo**: Rolf Nussbaumer (ul). **Corbis**: amanaimages (m); Scott Stulberg (mu); Herbert Zettl (um). **Dorling Kindersley**: Dreamstime.com: Jason Ondreicka / Ondreicka (m); Harry Taylor, mit Genehmigung des Natural History Museum, London (gol). **Dreamstime.com**: Prambuwesas (gom).**Getty Images**: Dr. Sauer (mo). **14 Dreamstime.com**: Helen Davies (ml). **Alamy Stock Photo**: All Canada Photos (mlo). **14–15 naturepl.com**: Jane Burton. **15 Getty Images**: Jeff Hunter (mr); Joel Sartore / National Geographic (gor). **16 Dreamstime.com**: Aleksander Bolbot (ul). **Corbis**: E & P Bauer (um). **Getty Images**: Christopher Furlong (ml). **16–17 Alamy Stock Photo**: Peter Arnold, Inc. **18 Corbis**: Visuals Unlimited. **20 Corbis**: Paul Souders (gor); Hubert Stadler (ur). **Getty Images**: Astromujoff (ul). **21 Corbis**: Theo Allofs (ul). **Getty Images**: Philip and Karen Smith (gor). **22 Corbis**: Mike Theiss / Ultimate Chase (mru). **Getty Images**: John Marshall (ur). **23 Alamy Stock Photo**: Arctic Images (um); blickwinkel (gol) (gom); Ashley Cooper (mo); Eddie Gerald (mlu); NaturePics (m); Ken Walsh (ul). **Corbis**: Johnathan Smith; Cordaiy Photo Library Johnathan Smith; Cordaiy Photo Library Ltd. (mu); Craig Lovell (mlo). **24 Alamy Stock Photo**: Andy Arthur (gor); Ryan McGinnis (mru). **Dreamstime.com**: (mro). **Getty Images**: Jamey Stillings (ur). **25 Alamy Stock Photo**: Ashley Cooper (mlu); imagebroker (ml); Oleksiy Maksymenko (mgl). **Corbis**: Glowimages (m); Richard T. Nowitz (ur). **Getty Images**: Arctic Images (mlo); Jeff Foott (gol). **Science Photo Library**: Kenneth Libbrecht (gor) (mro) (mogr). **26 Alamy Stock Photo**: Hemis (m). **26–27 Corbis**: Peter Wilson. **27 Corbis**: Gene Blevins (um). **Getty Images**: Alan R Moller (gor); Priit Vesilind / National Geographic (mr). **Science Photo Library**: J. G. Golden (mo). **28 Dreamstime.com**: Roman Ivaschenko (mr). **Alamy Stock Photo**: WildPictures (ml). **Dreamstime.com**: (mru). **Getty Images**: Brian Stablyk (mu); Kim Steele (gor). **iStockphoto.com**: (ur). **NOAA**: Carol Baldwin (um). **Image mit Genehmigung des Oregon Scientific (UK) Limited**: (gom/unten) (gom/Mitte). **29 Alamy Stock Photo**: Nepal Images (gom/ganz oben). **Corbis**: Jorma Jamsen (ur); Tony Hallas / Science Faction (mru). **Getty Images**: Michael McQueen (mr). **Science Photo Library**: Garry D. McMichael (ml). **30 Corbis**: Larry Dale Gordon (ml). **Getty Images**: Jeremy Walker (mu). **30–31 Alamy Stock Photo**: Johan Siebke. **31 Corbis**: Laura Sivell / Papilio (ur); Chen Zhanjie / XinHua Press (mlo). **Getty Images**: Johnny Johnson (mo); Visuals Unlimited (mru). **32 Getty Images**: Lew Robertson (ul). **32–33 Till Credner & Sven Kohle / allthesky.com. 33 Alamy Stock Photo**: Peter Arnold, Inc. (mr); Galaxy Picture Library (mu). **Corbis**: Roger Ressmeyer / Science Faction (ml). **36 Dreamstime.com**: Mikhail Primakov (gor). **Magenta Electronics Ltd.**: (mu). **SWAROVSKI OPTIK**: (mru). **Watkins & Doncaster**: (ur). **Wildlife Acoustics, Inc. 36 37 FLPA**: Hugh Clark (mo). **rspb-images.com**: Malcolm Hunt (gol). **37 RICOH Imaging Europe S.A.S**: (gor). **40 Dorling Kindersley**: **123RF.com**: Aleksey Boldin (mr). **Alamy Stock Photo**: Peter Titmuss (um). **40–41 Getty Images**: Superstudio. **41 Getty Images**: Joel Sartore / National Geographic (m). **42 123RF.com**: cloud7days (um). **Canon Inc**: (ml). **Dreamstime.com**: Dimitry Romanchuck (m); Audrius Merfeldas (mlu); Audrius Merfeldas (mu). **FLPA**: Yva Momatiuk & John Eastcott (mru). **Getty Images**: Gerry Ellis (gor). **Pentax UK Ltd.**: (ur/Zoom). **Sigma Corporation**: (ur/Weitwinkel). **42–43 Corbis**: Peter Johnson (go). **42–43 Corbis**: Gary W. Carter (u). **Getty Images**: David Maitland (mu). **43 Corbis**: Michele Westmorland (mlo). **FLPA**: Robert Canis (um); David Hosking (mro); Roger Tidman (mu). **Getty Images**: Peter Lilja (gol). **rspb-images.com**: Niall Benvie (ur); Gerald Downey (mru). **44 Dorling Kindersley**: 123RF.com: Aleksey Boldin (mro). **Dreamstime.com**: Fedsax (mogr). **Wildlife Acoustics, Inc.**: (mo). **Marek Walisiewicz**: (ul). **45 Corbis**: Bob Krist (mru). **Marek Walisiewicz**: (m). **48 123RF.com**: sandermeertinsphotography (mu). **Alamy Stock Photo**: blickwinkel (mro). **Corbis**: Elizabeth Whiting & Associates (gol). **Getty Images**: Evan Sklar / Botanica (ur). **49 123RF.com**: lightpoet (mro). **Corbis**: Toshi Sasaki / amanaimages (gol); Owaki-Kulla (ul). **Getty Images**: Mitchell Funk (mr). **50 123RF.com**: vitalisg (mgl). **Alamy Stock Photo**: Carl Corbidge (mr). **FLPA**: Erica Olsen (mlo). **naturepl.com**: John Downer (um); Kim Taylor (mru). **Photolibrary**: Roger Jackman (ul). **Science Photo Library**: Tom McHugh (m). **51 Getty Images**: Tony Bomford / Photolibrary (mu). **NHPA / Photoshot**: Stephen Dalton (ur). **52–53 Alamy Stock Photo**: imageBROKER. **54 Corbis**: George McCarthy (um). **Getty Images**: Oxford Scientific / Photolibrary (m). **naturepl.com**: Laurent Geslin (gol). **55 Corbis**: O. Alamany & E. Vicens. **FLPA**: Malcolm Schuyl (ul). **Getty Images**: Raymond Blythe / Photolibrary (um). **naturepl.com**: Stephen Dalton (m); Laurent Geslin (gol). Laurent Geslin (ur); Dreamstime.com: Isselee (ul). **56 123RF.com**: jesue92 (ul). **Corbis**: John Hawkins; FLPA (gor). **57 123RF.com**: avslt (gor); kwasny221 (mru); Isselee (mlo); nickvorobey (mo). **FLPA**: Toomas Ili (mlo). **Getty Images**: Paul E Tessier (mo). **58 Audubon / wingscapes.com**: (mru). **Getty Images / iStock**: Andrew_Howe (ur). **FLPA**: Roger Wilmshurst (mr). **rspb-images.com**: (um). **59 Dreamstime.com**: Kewuwu (ul). **Getty Images / iStock**: MikeLane45 (m). **Getty Images**: Visuals Unlimited (gom). **naturepl.com**: David Kjaer (gol). **60 123RF.com**: rachel_a_bennett (um). **Getty Images**: Visuals Unlimited (mru). **61 FLPA**: Robert Canis (mlu); Mike Lane (um); Derek Middleton (mr). **62 123RF.com**: kwasny221 (ul). **Corbis**: Paul Taylor (mo). **FLPA**: David Hosking (mru). **63 Dreamstime.com**: Suer27 (ul). **Alamy Stock Photo**: John Glover (ml). **Getty Images**: Tier- und Naturfotografie J & C Sohns (mru). **64 123RF.com**: chepko (ul); cosmln (gor). **64–65 Alamy Stock Photo**: Stan Kujawa. **65 123RF.com**: geki (gom). **Getty Images**: Yann Layma (um); George Grall / National Geographic (mru). **68 Dorling Kindersley**: image100 (m) Corbis (mro). **naturepl.com**: Ernie Janes (ur). **69 Dorling Kindersley**: Kim Taylor (m); Rollin Verlinde (ml). **70 Alamy Stock Photo**: Itsik Marom (ur). Nigel Cattlin (ml). **Corbis**: Michael Rose; FLPA (ul); Joe McDonald (mru); Roger Tidman (mlu). **Getty Images**: David Zimmerman (gor). **iStockphoto.com**: (mr). **71 123RF.com**: mortenekstroem (mu); sandermeertinsphotography (um). **Dreamstime.com**: Michael Smith (ml). **Alamy Stock Photo**: imagebroker (ur). **Getty Images**: Mad MaT (mru); Visuals Unlimited (mlu). **72 naturepl.com**: Bruno D'Amicis (ul) (um). **72–73 Alamy Stock Photo**: MediaWorldImages. **74 123RF.com**: cosmln (mlu). **Alamy Stock Photo**: Neil Hardwick (mo). **Getty Images**: Brian Hagiwara (m); GK Hart / Vikki Hart (mr); Oxford Scientific / Photolibrary (mro). **Science Photo Library**: Bjorn Svensson (gor). **74–75 Alamy Stock Photo**: flabCC. **75 123RF.com**: Whiskybottle (gor). **76 123RF.com**: creativenature (mlu). **Corbis**: Tom Bean (mro). **FLPA**: Nigel Cattlin (um). **Getty Images**: Michael Leach / Photolibrary (m). **Science Photo Library**: Martyn F. Chillmaid (ur); Terry Mead (mlo). **76–77 naturepl.com**: Gary K. Smith. **77 123RF.com**: fotobird328 (mr). **Alamy Stock Photo**: Nigel Cattlin (mru/Springschwanz); Tom Joslyn (mru/Dungfliege). **Corbis**: PULSE (ur). **Getty Images**: Andrew Howe (m); Rodger Jackman / Photolibrary (ul); Ann & Steve Toon (gor). **78–79 Alamy Stock Photo**: flabCC. **79 Alamy Stock Photo**: Buiten-Beeld (ur). **82 Alamy Stock Photo**: JTB Photo Communications, Inc (ur). **Dorling Kindersley**: Frank Greenaway mit Genehmigung des Natural History Museum, London (mro); Sean Hunter (gor). **Getty Images**: David Tipling (gol). **83 123RF.com**: atosf (ul). **Dreamstime.com**: Digitalimagined (um). **Alamy Stock Photo**: David Noble Photography (gol). **Corbis**: Larry Lee Photography (ul). **naturepl.com**: SCOTLAND: The Big Picture (ur). **84 Alamy Stock Photo**: blickwinkel (mo). **85 Alamy Stock Photo**: Premaphotos (mro). **Dreamstime.com**: Chuanthit Kunlayanamitre (gor). **naturepl.com**: Will Watson (mru). **86 123RF.com**: creativenature (gom). **Alamy Stock Photo**: Nature Photographers Ltd. (gol). **Dorling Kindersley**: Frank Greenaway mit Genehmigung des Natural History Museum, London (gor). **Getty Images**: Photolink (ur); Visuals Unlimited (mr). **88 Getty Images**: Jozsef Szentpeteri / National Geographic (mlo). **89 Dreamstime.com**: Emanoo (mro). **Corbis**: Karl Kinne (mro). **Rob Herr**: (ur). **90 123RF.com**: o2beat (ml). **Alamy Stock Photo**: Simon Colmer and Abby Rex (gor). **Dorling Kindersley**: Rollin Verlinde (mro). **91 Dreamstime.com**: Rbiedermann (mr). **Alamy Stock Photo**: David Crausby (gol). **Getty Images**: Travel Ink (gor). **92 123RF.com**: marcouliana (um). **94 123RF.com**: gucio_55 (mlo). **Alamy Stock Photo**: Peter Arnold, Inc (m); Mark Breturton (ul); John Glover (ur); Krystyna Szulecka Photography (um). **Corbis**: Roger Tidman (gom). **naturepl.com**: Jussi Murtosaari (mro). **94–95 Corbis**: Ashley Cooper. **95 Alamy Stock Photo**: blickwinkel (ml); WILDLIFE GmbH (ur). **96 Alamy Stock Photo**: blickwinkel (m); INTERFOTO (mu). naturepl.com: Staffan Widstrand (ul). **96–97 Getty Images / iStock**: Christopher OHara. **97 Alamy Stock Photo**: blickwinkel (mu); David Chapman (mo). **98 Dreamstime.com**: Aniszewski (ur); Juan Carlos Martínez Salvadores (ul). **naturepl.com**: Mark Hamblin (m). **99 Alamy Stock Photo**: Ian Rutherford (mlo). **Dreamstime.com**: Gabe9000c (m). **Dorling Kindersley**: Peter Chadwick, mit Genehmigung des Natural History Museum, London (gom) (mo). **100 Dreamstime.com**: Caymia (ur); Rbiedermann (mro). **102 Alamy Stock Photo**: Michael Griffin (um). **Corbis**: Lothar Lenz (gor); Manfred Mehlia (mro). **Getty Images**: Stephen Studd (ml). **naturepl.com**: Philippe Clement (ul). **103 Dreamstime.com**: Jaroslav Frank (mro); Anna Kravchuk (mlu). **Corbis**: David Chapman Natural Selection (ml); Fridmar Damm (mr). **Getty Images**: Visuals Unlimited (mlu). **104 Alamy Stock Photo**: David Hosking (gor). **Corbis**: Niall Benvie (ul). **Dreamstime.com**: Daniel Rodriguez Garriga (ur). **104–105 Getty Images**: Joel Sartore / National Geographic. **105 Alamy Stock Photo**: Papilio (ul). **Dreamstime.com**: Vladimir Cech (gol). **naturepl.com**: Paul Johnson (gom); Colin Seddon (ur). **106 Dreamstime.com**: Adrian Ciurea (ur); Tetiana Kovalenko (mu); Petr Simon (um). **Getty Images**: Charcrit Boonsom (gol). **107 Alamy Stock Photo**: Picture Scotland (gor). **Corbis**: W. Perry Conway (mu); Steve Austin; Papilio (mo); Ed Darack / Science Faction (u). **108–109 Alamy Stock Photo**: Louise A Heusinkveld. **110 Alamy Stock Photo**: A. P. (gor); Neil Hardwick (l). **112 Dreamstime.com**: Jamesahanlon (mlu); Jens Stolt (ul); Whiskybottle (um). **114 Getty Images**: Peter Lilja (ml). **114–115 Alamy Stock Photo**: First Light. **115 Alamy Stock Photo**: Arco Images GmbH (gor); Juniors Bildarchiv (mr). **Getty Images**: Bob Stefko (mro). **116–117 Getty Images**: Raymond K. Gehman. **117 Corbis**: Steven Kazlowski / Science Faction (gor). **Dreamstime.com**: Ivanka Blazkova (mro). **Getty Images**: Riccardo Savi (mru); Ronald Wittek (ur). **118 Dorling Kindersley**: Frank Greenaway mit Genehmigung des Natural History Museum, London. **120 Corbis**: Julie Meech; Ecoscene (gol); Pam Gardner; FLPA (gor). **Getty Images**: Adam Burton (ur). **121 Alamy Stock Photo**: Marcos G. Meider (mlu); David Boag (gor). **Dreamstime.com**: Office2005 (mlo); Steprphotos (ul); Vaeenma (ur). **122 123RF.com**: suerob (gor). **Alamy Stock Photo**: Marcus Gosling (mlo). **Dorling Kindersley**: Colin Keates, mit Genehmigung des Natural History Museum, London (m). **Dreamstime.com**: Sandra Standbridge (ul). **FLPA**: Mark Winwood / Photolibrary (ur). **Getty Images**: Manfred Pfefferle / Photolibrary (ml). **Shutterstock.com**: Macronatura.es (mlu). **123 Alamy Stock Photo**: blickwinkel. **124 Alamy Stock Photo**: Nature Photographers Ltd. (m). **Dreamstime.com**: Agami Photo Agency (mlo); Cosmin Manci (ml). **124–125 Alamy Stock Photo**: Hoberman Collection UK. **125 Dorling Kindersley**: Neil Fletcher (gom); Frank Greenaway mit Genehmigung des Natural History Museum, London (mlo) (gol). **Still Pictures**: WILDLIFE / N Benvie (mru) (ur). **126 Alamy Stock Photo**: Nigel Pye (mru). **Corbis**: doc-stock (mro); Sally A. Morgan; Ecoscene (gor). **naturepl.com**: Jane Burton (mo). **126–127 Alamy Stock Photo**: Hoberman Collection UK. **127 Alamy Stock Photo**: Arco Images GmbH (um); Juniors Bildarchiv (ur). **Getty Images**: Paulo De Oliveira / Photolibrary (ml). **128–129 Alamy Stock Photo**: David Boag. **129 Corbis. 132 Corbis**: Frank Blackburn; Ecoscene (gol). **Dorling Kindersley**: Sean Hunter (gor). **Dreamstime.com**: Lianem (ur); Svitlana Tkach (ul); Sweetsake (um). **133 Alamy Stock Photo**: Peter Arnold, Inc. (mr); WILDLIFE GmbH (mlu). Corbis: Eric and David Hosking (um). **Dreamstime.com**: Alanjeffery (ul); Tommaso Barbanti (gol); David Havel (m); Isselee (mro). **134 Corbis**: George McCarthy (mu). **Dreamstime.com**: Jamesahanlon (mu). **Getty Images**: DEA / V. Giannella (gom). **134–135 naturepl.com**: William Osborn. **135 Alamy Stock Photo**: Redmond Durrell (mr). **Corbis**: Roger Wilmshurst; FLPA. **Dreamstime.com**: PeterWaters (mr). **136 Corbis**: Hans Pfletschinger / Science Faction (mlu). **Dreamstime.com**: Alslutsky (mo). **Getty Images**: Raymond Blythe / Photolibrary (ml). **naturepl.com**: Meul / ARCO (mro). **136–137 naturepl.com**: Kim Taylor. **137 Dreamstime.com**: Ian Redding (mogl). **T. Komatsu / Japan. Sci Rep 6, 36364 (2016)**: (mo). **Marcin Sielezniew**: (mlo). **138 Alamy Stock Photo**: Nature Photographers Ltd. (m). **Dreamstime.com**: Alslutsky (mu); Darius Baužys (mlo); Ovydyborets (ul). **Getty Images**: Jody Dole (m). **142 Alamy Stock Photo**: blickwinkel (um). **Corbis**: Pablo Corral Vega (ul); Tim Zuroswski (mo). **Dorling Kindersley**: Dreamstime.com: Scattoselvaggio (ur). **Dreamstime.com**: Lucagal (ul); Ivan Kluciar (um). **143 Dreamstime.com**: Bernard Bialorucki (gor); Gherzak (gom); Ondřej Prosický (mo); T.w. Van Urk (ul); Wkruck (um); Marcelkudla (ur). **144 Alamy Stock Photo**: Michael Doolittle (ul); WILDLIFE GmbH (ur). **Corbis**: Roy Hsu (gor). **Dreamstime.com**: Enrico Morando (gol). **Getty Images**: Konrad Wothe (mr). **144–145 Alamy Stock Photo**: Art Kowalsky. **145 Alamy Stock Photo**: Andrew Darrington (mr). **Dreamstime.com**: Digistockpix (ul); Pavel V (gol). **Getty Images**: (ul/Fahrrad); DEA / A. Calegari (ur); George F. Mobley / National Geographic (gor). **146 Corbis**: David Muench (mr). **Dreamstime.com**: Paweł Gubernat (mu). **Getty Images**: Visuals Unlimited (ml). **naturepl.com**: Kirkendall-Spring (ur). **147 Alamy Stock Photo**: CuboImages srl (ur). **148–149 naturepl.com**: Orsolya Haarberg. **148 Dorling Kindersley**: Dreamstime.com: Alvinge (ul). **150–151 Photolibrary**: John Cancalosi. **151 Alamy Stock Photo**: Buiten-Beeld (gogr). **Corbis**: Roger Tidman (mr). Getty Images: Jonathan Gale (mru); Joseph Van Os (ur). **Dreamstime.com**: Caglar Gungor (gor). **152 Getty Images**: Visuals Unlimited (mo). **152–153 Alamy Stock Photo**: Bob Gibbons. **153 Dreamstime.com**: Taviphoto (u). **154 Dorling Kindersley**: Frank Greenaway mit Genehmigung des Natural History Museum, London (um); Rollin Verlinde (gor). **Getty Images**: DEA / A. Calegari (mo); David Littschwager / National Geographic (ul) (ur). **154–155 Photolibrary**: Luis Javier Sandoval. **155 Dreamstime.com**: Pedro Antonio Salaverría Calahorra (gol). **Getty Images / iStock**: IvanaOK (mro). **158 Corbis**: Adam Woolfitt (ur). **Dorling Kindersley**: Frank Greenaway mit Genehmigung des Natural History Museum, London (um); Rollin Verlinde. **Dreamstime.com**: Ondřej Prosický (mro). **159 Dreamstime.com**: Theripper (ur). **Getty Images**: Matt Cardy (gol); stockbyte (mru). **160–161 Getty Images**: Tyler Gray. **161 Dreamstime.com**: Alslutsky (gor). **162 Corbis**: Niall Benvie (m). **162–163 Dreamstime.com**: Luca Lorenzelli. **163 Dorling Kindersley**: Kim Taylor (mlo); Daniel Cox / Photolibrary (um). **Getty Images**: Manfred Pfefferle / Photolibrary (mro). **164 Corbis**: Kennan Ward (mu). **Dreamstime.com**: Mircea Bezergheanu (mru). **Getty Images**: Hauke Dressler (ml); Visuals Unlimited (mru); Dominic Harcourt Webster (gol). **164–165 naturepl.com**: John Cancalosi. **165 Dorling Kindersley**: Cyril Laubscher (mru); Jan Van Der Voort (mro). **Getty Images**: Elliott Neep (gor); David Boag / Photolibrary (ur). **166 Corbis**: Roger Tidman (ur). **Dreamstime.com**: Mikelane45 (ml). **Getty Images**: Catherine Cedner (gol); John Downer (ul); Frank Krahmer (mo); Sven Zacek / Photolibrary (mro); Paul E Tessier (gom). **167 Dreamstime.com**: Guido Vrola (gor). **Getty Images / iStock**: PaulReevesPhotography (ul). **Getty Images**: Frank Krahmer (m); Oxford Scientific / Photolibrary (ur); Gerhard Schulz (mu). **168 Alamy Stock Photo**: blickwinkel (ml). **Getty Images**: Spike Walker (m). **168–169 Alamy Stock Photo**: Papilio. **169 Alamy Stock Photo**: Daniel Borzynski (ul); Premaphotos (ur). **Getty Images**: Oxford Scientific / Photolibrary (um). **170 Alamy Stock Photo**: Brian Bevan (gor). Getty Images: Colin Milkins / Photolibrary (mr) (mu); Visuals Unlimited (gol). **171 naturepl.com**: Fabio Liverani (gol). **172 Alamy Stock Photo**: blickwinkel (mro); Chris Pancewicz (ur). **Dreamstime.com**: Weblogiq (ul). **Corbis**: W. Cody (gor); Roger Wilmshurst; FLPA (ml). **173 Corbis**: George McCarthy (mo). **Dreamstime.com**: Agami Photo Agency (ul); Andrew Astbury (mu). **Getty Images**: Jan Tove Johansson (ml); Harold Taylor / Photolibrary (mlo); Niall Benvie / Photolibrary (mlu); Tohoku Colour Agency (gol); Visuals Unlimited (mu) (um). **174 Alamy Stock Photo**: Richard Murphy. **176 Corbis**: Arthur Morris (mro). Getty Images: Image Source (ur); Jupiter Images (gol). **177 Alamy Stock Photo**: Florapix (mru). **Corbis**: Michele Westmorland (mlo). **Chris Gibson**: (ul). **Dreamstime.com**: Agami Photo Agency (gom). **Getty Images / iStock**: vuk8691 (gor). **178–179 Corbis**: Andrew Brown; Ecoscene. **180 Alamy Stock Photo**: John Taylor (mro). **Getty Images**: Darylyne A. Murawski / National Geographic (um); Visuals Unlimited (ur). **180–181 Corbis**: Bertrand Riegel / Hemis. **181 Alamy Stock Photo**: doughoughton (ur); J. S. Callahan / tropicalpix (mro). Corbis: Eberhard Streichan (ml); Anthony West (gom); Adam Woolfit (mlo). **Getty Images**: Laurance B. Aiuppy (um). **182 Alamy Stock Photo**: Leslie Garland Picture Library (gor). **Dreamstime.com**: Simon Taylor (mlu). **183 Alamy Stock Photo**: Skyscan Photolibrary (mr). **Getty Images**: Thierry Grun (ur); Camille Moirenc (ul). **184 Alamy Stock Photo**: Lightworks Media (ul); Peter Titmuss (gor). **Getty Images**: Bob Pool (ur). **185 Dorling Kindersley**: Frank Greenaway mit Genehmigung des Natural History Museum, London (ur). **186 123RF.com**: Johan van Beilen (ul). **Alamy Stock Photo**: Robin Chittenden (gor); Nick Greaves (um). **187 Dreamstime.com**: Stuartan (mr). **Getty Images**: Rosemary Calvert (gom). **188 Alamy Stock Photo**: Nigel Housden (ul). Corbis: Ronald Wittek / dpa (um). **188–189 Corbis**: Paul Darrow / Reuters. **190 Alamy Stock Photo**: David Chapman (ur); photow.com (mro). **190–191 Dorling Kindersley**: Stephen Oliver (go). **192 Alamy Stock Photo**: Rami Aapasua (um). **Getty Images**: AFP (ur). **naturepl.com**: Juan Manuel Borrero (gor). **193 Corbis**: DK Limited (mlo). **Getty Images**: Frank Cezus (mro); Barrie Watts / Photolibrary (um); Time & Life Pictures (mr). **194 Corbis**: Chinch Grynziewicz; Ecoscene (gol) (gor). **Dreamstime.com**: John Loader (ul); Razvanjp (ur). **195 Corbis** Ashley Cooper (gor); Destinations (mo); Robert Pickett (ul). **Dorling Kindersley**: Colin Keates, mit Genehmigung des Natural History Museum, London (ur). **Dreamstime.com**: John Loader (ul); Razvanjp (ur). **197 Alamy Stock Photo**: Ray Wilson (mr). **198 Alamy Stock Photo**: Stefan Huwiler (ul). **charliephillips.co.uk**: (mu). **Corbis**: Joe McDonald (ur). **Getty Images**: Ghislain & Marie David de Lossy (mlo) **198 Alamy Stock Photo**: Jerome Murray - CC (mu). **198–199 Getty Images**: Christina Bollen / Photolibrary. **199 Alamy Stock Photo**: KEVIN ELSBY (ur). **Corbis**: Winfried Wisniewski (um). **Getty Images**: Siqui Sanchez (ul). **naturepl.com**: Chris Gomersall (gor). **202 Alamy Stock Photo**: Michael Howell (ul). **Corbis**: Yann Arthus-Bertrand (gol); Roger Wilmshurst; FLPA (um). **203 Alamy Stock Photo**: Loetscher Chlaus (gor). **Corbis**: Tony Hamblin; FLPA (mlo). **Dreamstime.com**: Lunamarina (ul); Office2005 (mru). **Getty Images / iStock**: avideus (um). **204 Alamy Stock Photo**: RWP (ml). **Dreamstime.com**: Valentyn75 (um). **Getty Images / iStock**: AlexeyMasliy (mu). **Getty Images**: Sabine Lubenow (gor). **Science Photo Library**: Nigel Cattlin (ur). **204–205 Chris Gibson. 205 Alamy Stock Photo**: Mark Boulton (mr). **Corbis**: Chinch Grynziewicz; Ecoscene (um); Roger Tidman (gor). **Chris Gibson**: (ul). **Neil Hardwick**: (mru). **206 Alamy Stock Photo**: blickwinkel (mro). **Corbis** Frank Blackburn; Ecoscene (ml); Raymond Gehman (ur); Eric and David Hosking (gor); Robert Marien (mru). **Getty Images**: Ron Erwin (mlo); Christopher Furlong (mr). **207 Alamy Stock Photo**: Robography (mlu). **Corbis**: Brandon D. Cole (ml); Roger Tidman (ul). **Dorling Kindersley**: Frank Greenaway mit Genehmigung des Natural History Museum, London (mr); Colin Keates, mit Genehmigung des Natural History Museum, London (ur). **Getty Images**: China Foto Press (mlo). **Chris Gibson**: (gol). **Science Photo Library**: Kjell B. Sandved (mgr); Dr Keith Wheeler (m). **Steve Trewhella**: (mu). **208 Corbis**: Paul A. Souders (m); Specialist Stock (ml). **208–209 Getty Images**: Johnny Johnson. **209 Alamy Stock Photo**: Thomas Hanahoe (gor); Michael Patrick O'Neill (m); Rosanne Tackaberry (um). **Corbis**: Karen Kasmauski / Science Faction (mru). **Dreamstime.com**: Klomsky (mr). **212 Corbis**: Galen Rowell (m). **Getty Images / iStock**: Leonid Ikan (um). **Getty Images**: Paul Nicklen / National Geographic (mlu). **212–213 Corbis**: Galen Rowell. **213 Alamy Stock Photo**: Arcticphoto (m); Tom Ingram (gor). **Dorling Kindersley**: Frank Greenaway mit Genehmigung des Natural History Museum, London (mr). **Getty Images**: Geoff du Feu (ur). **214 Corbis**: Steve Kaufman (ur); Kennan Ward (ul). **214–215 naturepl.com**: Konrad Wothe. **216 Alamy Stock Photo**: Louise Murray (ul); WILDLIFE GmbH (ur). **Dreamstime.com**: Pär Edlund (mgl). **Getty Images / iStock**: KenCanning (ml). **Getty Images**: Chris Jackson (gol). **216–217 Corbis**: Bob Krist. **Dreamstime.com**: Adeliepinguin (gom). **217 Corbis**: Momatiuk-Eastcott (ur); Paul Souders (mr). **Dreamstime.com**: Agami Photo Agency (gor)

Cover

Vorn: 123RF.com: Volodymyr Kucherenko (mru), Ondrej Prosicky (ur); **Dreamstime.com**: Milous Chab (um); **Shutterstock.com**: Linda Bestwick (mu), Monkey Business Images (ol), Mariusz Niedzwiedzki (ul)

Hinten: 123RF.com: Eric Philippe Isselee (gol); **Dreamstime.com**: Stuart Andrews (ul), Aniszewski (mr), Jamesahanlon (mlo); **naturepl.com**: Will Watson (ol)

Buchrücken: Dreamstime.com: Tsekhmister

Noch mehr Spaß und Lesefreude

ISBN 978-3-8310-3905-0

ISBN 978-3-8310-4158-9

ISBN 978-3-8310-3613-4

ISBN 978-3-8310-4277-7

DK